JN192709

絶滅の危機!!
伝統食は
守れるのか?

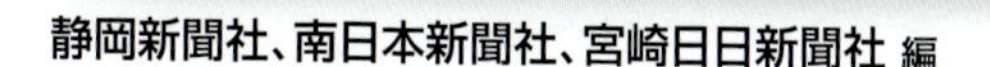

静岡新聞社、南日本新聞社、宮崎日日新聞社 編

ウナギ資源をめぐる最近の主な動き	
2007年	ヨーロッパウナギの取引がワシントン条約の対象になる
	台湾がシラスウナギ１３グラム以下の輸出を禁止（１１月～翌年３月）
08年	国際自然保護連合（ＩＵＣＮ）がヨーロッパウナギを絶滅危惧種に指定
09年	ワシントン条約によりヨーロッパウナギの輸出規制始まる
10～12年	国内のニホンウナギの稚魚漁獲量が１０トン割れ
12年6月	水産庁が「ウナギ緊急対策」発表
9月	日本、中国、台湾が国際的資源管理の議論開始
13年2月	環境省が国内版レッドリストでニホンウナギを絶滅危惧種に指定
9月	国際的資源管理の協議に韓国とフィリピンが加わる
14年3月	水産庁が都府県にシラスウナギ採捕期間短縮を要請
4月	水産庁、養鰻場造成に対する支援を行わないことを決定
6月	ＩＵＣＮがニホンウナギとボルネオウナギを絶滅危惧種に指定
6月	内水面漁業振興法が施行
9月	日本、中国、韓国、台湾が稚魚池入れ量の前期比２割削減に合意、共同声明
10月	全日本持続的養鰻機構が設立
11月	ウナギ養殖が届け出制になる。池入れ量上限は２１．６トン
11月	ＩＵＣＮ、アメリカウナギも絶滅危惧種に指定
15年2月	日中韓台がウナギ資源管理に関する法的枠組みについて議論開始
4月	国内採捕期間終了。池入れ実績１８．３トン
6月	ウナギ養殖が許可制に移行
6月	４カ国・地域の共同声明に基づき設立された非政府養鰻管理団体「持続可能な養鰻同盟（ASEA）」第１回会合
16年5月	ワシントン条約締約国会議の議題提案締め切る。ニホンウナギ、アメリカウナギの議案上がらず

資源回復 遠い道のり

輸入減るも国産上回る

輸入量と国内養殖生産量

(万トン) 0 2 4 6 8 10 12 14

1989年 95 2000 05 14

輸入活鰻
輸入加工品
国内養殖生産

池入れ上限量届かず

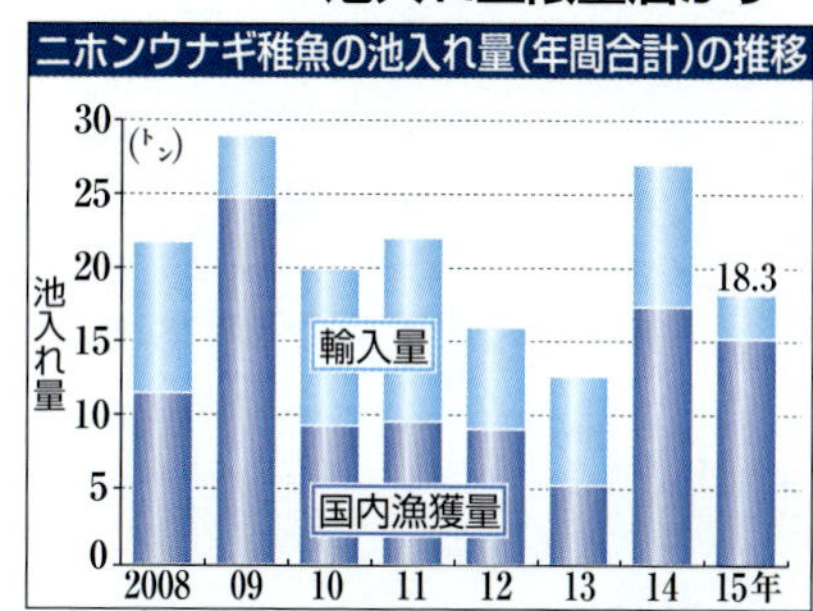

ピークの半減以下に

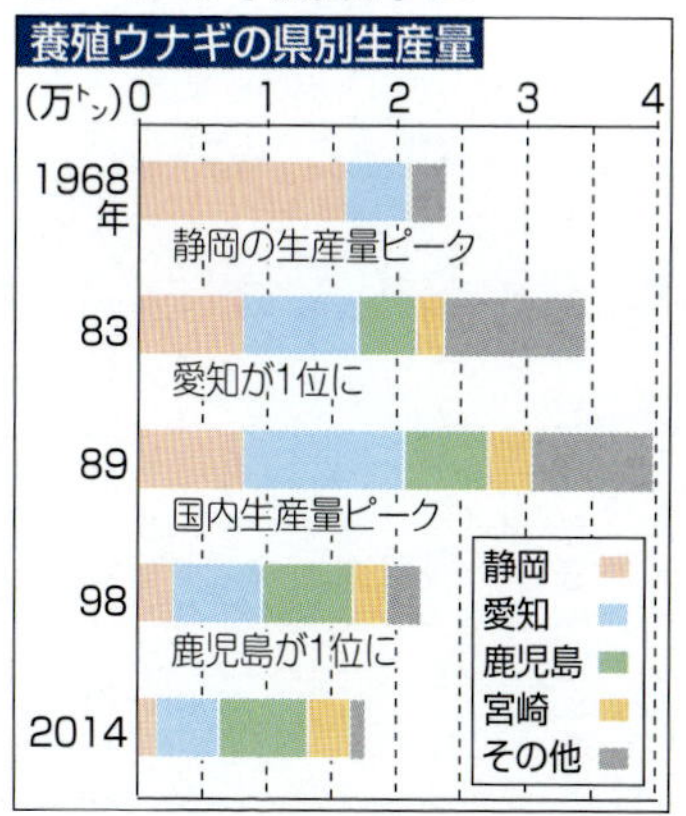

農水省がまとめた2014年漁業・養殖業生産統計によると、養殖ウナギ生産量は前年比24.1%増の1万7627トンで、12年の水準に回復した。稚魚（シラスウナギ）の漁獲回復を反映した。主産県別は①鹿児島6838トン（18.9%増）②愛知4918トン（56.6％増）③宮崎3167トン（15.1%増）④静岡1490トン（6.7%増)。4県で全国の93%を占めた。

天然ウナギ漁獲量は16.3%減の113トンで最低を更新。1990年のほぼ10分の1になった。

水産庁によると、シラスウナギは14年漁期（13年11月～14年5月）に漁獲がやや回復し27トンの池入れがあったが、15年採捕期間（14年12月～15年4月）の池入れは18.3トンにとどまった。

財務省貿易統計によると、輸入は活鰻、加工品とも減少傾向にあったが、14年は活鰻が4810トン、加工品が1万5433トン（0.6で割り活鰻換算）と、合計で前年比17.1%増加した。

[追記] 2015年の国内養殖ウナギ生産量は1万9913トン（鹿児島8007トン、愛知5116トン、宮崎3315トン、静岡1834トン）であった。輸入は活鰻7066トン、加工品2万4088トン。

ウナギはるかな旅

ウナギの一生

多くのウナギの一生は、海水で生活する時期と、川などの淡水で生活する時期にわかれます。

淡水で生活する時期

シラスウナギ（シラス）

体長がおよそ60ミリメートルまで成長するとシラスになり、河口に集まってくる。シラスは細長い体をしていて、体長は 55 ミリメートル以上。

クロコ

シラスは、体が黒っぽくなってくるとクロコと呼ばれ、川をのぼる。体長は 5~10 センチメートルくらい。

黄ウナギ

川にのぼり、すむ場所を決めて落ち着くと、体が黄色っぽくなる。体長はおよそ10~数十センチメートル。

塚本勝巳「うなぎ一億年の謎を追う」（学研教育出版）より

産卵場はマリアナ諸島沖

「ウナギは大地から自然に生まれる」「山芋がウナギに変わる」―。昔はこんなことがまじめに語られました。だれも、ウナギの卵や、卵をもった親ウナギを見たことがなかったからです。

ウナギは、はるかな海で生まれ、長い旅をして人間の近くにやって来て、川や沼で大きくなり、繁殖のために海に帰ります。これが分かったのは、わずか100年ほど前のことです。

日本でも、ウナギがどこからやって来るかを知りたいと、海流をさかのぼり、できるだけ生まれたばかりのニホンウナギの赤ちゃん（レプト

セファルス）を見つけようと調査が続けられてきました。そして２００９年、塚本勝巳教授たちがついに受精卵の採取に成功し、ニホンウナギの産卵場が太平洋のマリアナ諸島沖にあることを突き止めました。塚本教授は「広い海の中、雄と雌がどうやって出合うのかは分からない。ぜひ産卵の場に立ち会いたい」と話しています。

産卵場発見は、養殖技術開発に大きな手掛かりを提供しました。ウナギを安く大量に卵から育てることができるようになれば、天然の稚魚の漁獲に左右されることなく、計画的な養殖ができるからです。

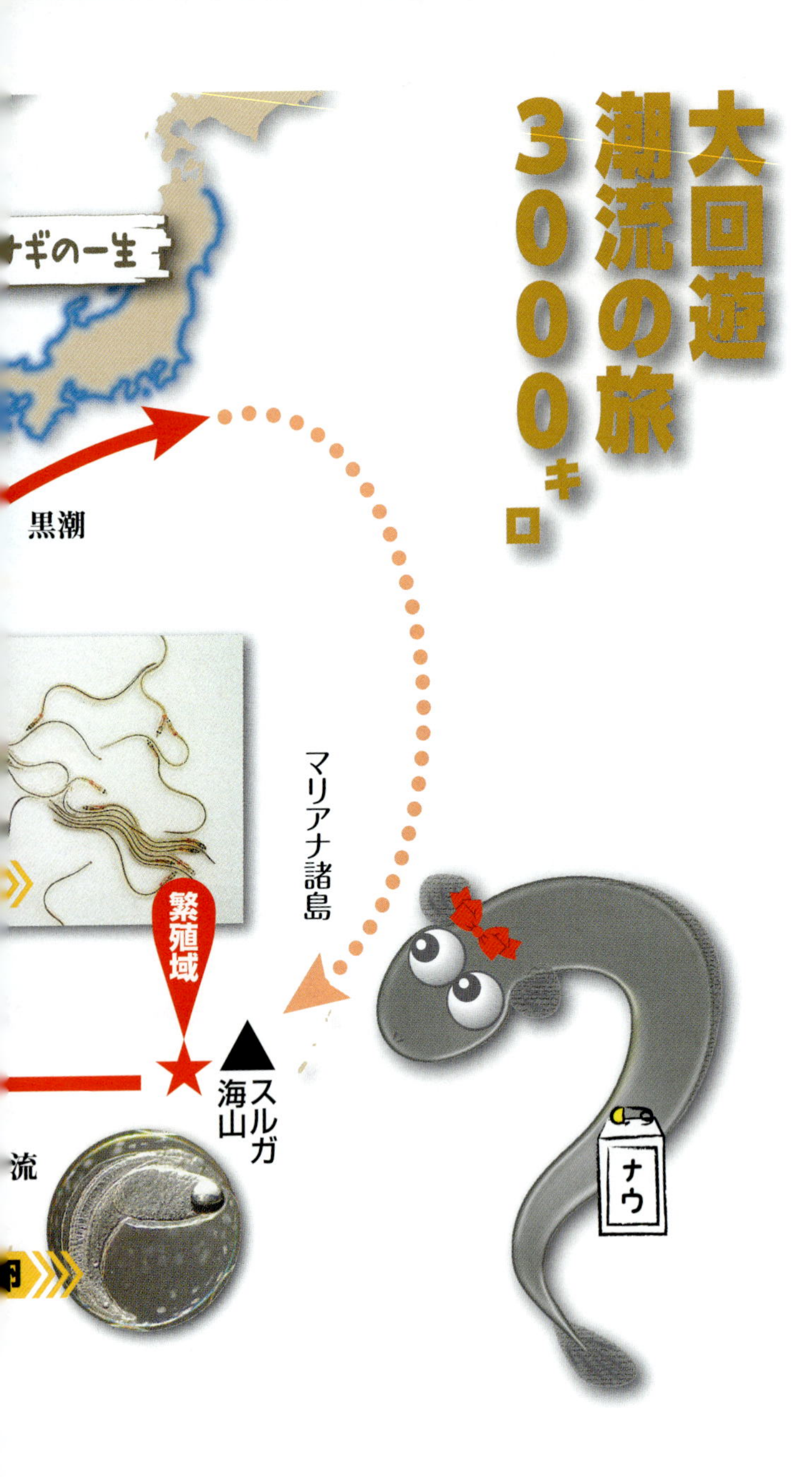

大回遊
潮流の旅
3000キロ
ナギの一生
黒潮
マリアナ諸島
繁殖域
スルガ海山
流
ナウ

※青線はニホンウナギの
主要な分布域
台湾
シラスウナ
北赤道海
ミンダナ
レプトセファルス
©東京大大気海洋研究所

ナウの物語

激減するニホンウナギが2014年、科学者らでつくる国際自然保護連合（IUCN）から絶滅危惧種に指定され、保護機運が高まりつつある。私たち日本人が大好きなウナギは、国産の99％以上が養殖である。その養殖ウナギも天然の稚魚を池で大きくして出荷されている。ウナギ、ウナギ産業、食文化を次代に引き継ぐため、まず「今［ナウ］」を知ることから始めたい。

日本から南へ約3000キロ、マリアナ諸島沖のスルガ海山近くで卵からふ化したウナギの「ナウ」は、柳の葉のような形をした「レプトセファルス」という幼生になりました。これから台湾の近くで黒潮に乗り換え、日本へ向かいます。「ナウの物語」が始まりました。

黒潮に乗って東へ漂うナウは、気付くと5センチぐらいのシラスウナギになっていました。たどりついた遠州灘には、スズキやクロダイなど天敵がたくさんいます。ナウの仲間もずいぶん食べられてしまいました。昼間は危険です。ナウは夜になってから行動するようになりました。

ある時、ナウは天竜川を上る決心をしました。上流はもっと安全で、えさやすみかもたくさんあるかもしれません。静かな夜のこと、ナウは思い切って川を上り始めます。河口では人間の網に捕まり、養殖池に入れられた仲間もいると聞きます。注意して漁をかいくぐり、少し苦しい真水を我慢して泳ぎ続けました。

上流に到着すると、そこは別世界。怖い魚はどこにもいません。エビやカニなど、おいしいえさはたくさんあります。ナウは夢中で食べました。いつの間にか、大きなウナギに成長していました。

居心地の良い上流での生活も10年が過ぎたある日、ナウは体の異変に気付きました。白いおなかが黒ずみ、気持ちも落ち着きません。なぜか、昼間もお出かけしたくなります。嵐の夜、ついに天竜川を旅立ちました。

下流には小さいころに怖かった魚がたくさんいますが、今のナウにはへっちゃらです。悠然と河口を通過すると、生まれ故郷のマリアナの海へ自然と体が向かっていました。

長旅を終えたナウの周りに、オスがたくさん集まってきました。産卵の時です。ナウがおなかにたまった卵を放出すると、オスも一斉に精子を出しました。力の限り産卵したナウは意識がどんどん遠くなり、暗い深海へ沈んでいきました―。

二つのウナギプロジェクト

塚本勝巳

「ウナギＮＯＷ」の企画を知ったのは、２０１４年の10月、今から1年半も前のことだ。これはウナギで有名な静岡、鹿児島、宮崎の３県の地方紙が合同でウナギをめぐる諸問題の〝今〟を報道しようというもの。大学の研究室で説明を受け、企画へ協力を依頼された。以来、密着取材が始まった。通常の取材はもちろんのこと、野外調査や室内実験、シンポジウム、出張授業など、ウナギ研究と保全活動の場には、常に「ウナギＮＯＷ」の記者の姿があった。

折しも２０１５年4月から始まる日本大学の学部連携総合研究「うなぎプラネット」の準備中だった。「うなぎプラネット」は、生物としてのウナギ研究だけでなく、文化、社会、経済など、様々な面からウナギと人の関わりを理解し、その研究成果を広く社会と共有することで、ウナギの保全を図る。サブタイトル「この地球で人とウナギの共存を目指して」が示す通り、資源を持続的に利用して末永く美味しいウナギを賞味しようという趣旨だ。

「うなぎプラネット」では、９学部の20名からなる教授陣が異なる専門性を活かしてウナギ研究に取り組んだ。その研究成果は３つのアウトリーチ活動を通じて社会に伝えられた。まずは、大学博物館における特別企画展「うなぎプラネット」。７月１日にオープンして６カ月間の会期中に１万５千人を超える入場者があった。同時に行われたスタンプラリーは、知らず知らずのうちにウナギの生活史を理解できると、参加した子供たちだけでなく大人にも好評だった。

次は、ウナギ保全のためのシンポジウム。ウナギ展の開幕と閉幕時に合わせて２回開催された。７カ国40名の研究者が集まり、各国のウナギ資源と保全活動について発表した。約３００名の参加者はウナギ研究の最新情報を共有し、保全について考える良い機会になった。

最後は「うなぎキャラバン」だ。これは全国の小中高校に出かけて行う出張授業。子供たちにウナギの不思議や自然環境の大切さ、川や海の生き物の面白さと研究の楽しさを分かりやすく伝えるのが目的だ。授業は90分間、映像や実際の標本を見ながら対話形式で進められる。経費は「うなぎプラネット」の予算から支出されるので、学校に一切負担はかからない。1年間で沖縄から北海道まで全国の84校を訪問した。
これら「うなぎプラネット」の活動は、その都度「ウナギNOW」で報告された。しかしもちろん、「ウナギNOW」の連載紙面は「うなぎプラネット」の記事だけではない。ウナギ漁業の現場に始まり、養殖、流通、消費、保全、研究に至るまでウナギにまつわるほとんど全てが網羅された。この広い守備範囲ときめ細やかな取材に基づいた詳細な記事の内容は、地元を知り、人脈のある地方紙だからこそ実現した。そして、その「ウナギNOW」の連載がこのたび一冊の本にまとまった。これはまさに、取材に携わった記者たちの現場重視の姿勢とフットワークのたまものである。ウナギの現状を知りたい人は必読の書である。

（日本大学生物資源科学部教授）

はじめに

２０１４年6月、ニホンウナギは国際自然保護連合（ＩＵＣＮ）から「絶滅危惧種」に指定され、絶滅の恐れがある野生動植物を国際取引規制によって保護するワシントン条約の対象にされる可能性が高まった。

ウナギ養殖は１００％、天然の稚魚（シラスウナギ）を使う。はるか南の海から海流に運ばれて来る稚魚を国内の沿岸で捕るだけでは足りず、国内の養殖池に入れられた稚魚の半分以上が輸入という年もある。稚魚だけでなく、成鰻や加工品も、日本は国内需要のかなりの割合を輸入に依存している。

絶滅危惧種指定のきっかけになった近年の稚魚不漁は、稚魚相場高騰をもたらし、養殖業の経営を圧迫。うな丼やかば焼きパックも値上がりした。生き物としてのウナギの危機は、ウナギ関連産業とウナギ食文化の危機にほかならない。

この問題意識を共有して、ウナギ関連産業が盛んな3県の地元紙である静岡新聞、南日本新聞、宮崎日日新聞の合同企画「ウナギNOW（ナウ）」はスタートした。

新聞掲載は15年1月から7月まで。ニホンウナギ資源管理に関するニュースや話題を追いながら、7章53回を各紙が連載した。前半は、14年冬に始まった15年漁期の稚魚漁、稚魚取引、養殖―と時系列に沿って現場取材し、後半は流通と消費の現状を海外にも乗り込んでルポした。河川環境や完全養殖など、科学の切り口からもアプローチした。

日本はウナギの最大消費国である。「土用の丑の日」には多くの人がウナギを食べる。では、ウナギ漁はいつ行われ、養殖ウナギはどんな餌を使い、どのくらいの期間、池で育てるのか。「ウナギ大好き」の日本人でも、知っている人は限られる。

ウナギとウナギ産業を守るには、現状を知ってもらうことが重要だと考え、合同企画は連載本体のほか、特集紙面や子ども向け新聞、シンポジウムなども展開した。

食べ物としてだけでなく、生き物としてもウナギへの興味は尽きない。養殖するとほとんどが雄になる。生態も謎が多く、ニホンウナギの産卵場がグアム島近くだと突き止められたのは、ほんの10年前のこと。09年に受精卵の採取までたどり着いたが、産卵の瞬間はまだ、だれも見たことがない。

書籍化に当たり、合同企画の趣旨と成果を理解してもらうため、産地の盛衰を振り返った新聞連載第4章を巻頭に移した。このほか、最小限の修正加筆をした。文中の役職、年齢は掲載当時のものである

本書出版直前になって、16年秋のワシントン条約締約国会議では、ニホンウナギの国際取引が議題にならないことが決まった。代わりに欧州連合（EU）は、ニホンウナギを含むすべての種類のウナギの資源量と国際取引の現状を調査すべきだと提案した。稚魚乱獲だけでなく、異種を含めた不透明な国際取引が問題視され、ウナギ消費の在り方に厳しい目が向けられている。

この連載取材でも、国境を越えたかば焼き消費拡大や、異種ウナギの不透明な流通、香港経由の稚魚輸入などの現場を確認し、数々の証言を得た。

岐路にあるウナギの「今」を記録することが、ウナギと人間が引き続き共生していく未来への一里塚になるという思いで取材・執筆した。ウナギの資源回復と関連産業振興、食文化継承に寄与できれば幸いである。

「ウナギＮＯＷ」取材班

ウナギNOW　目　次

第二部　ウナギ危機……49

養鰻新時代

4県養鰻100業者アンケート

第三部　うな丼クライシス（輸入と流通、消費）……………………167

不思議な魚

追補 …… 335

第一部　東海から南九州へ

産地盛衰 1

かば焼き―庶民の味を守れるか

富士山の豊富な伏流水に恵まれた静岡県三島市は、地下水にさらしたウナギを使ったかば焼きが名物。数ある専門店の中でも、目抜き通りに店を構える「桜家」は江戸安政年間の創業と伝わる老舗だ。材料高騰を受けての値上げにも客足は絶えず、休日には入店待ちの行列が1時間以上になる。

長い鉄串で身を支え、炭火でじっくり余分な油を落とす。しつこさのない食べ飽きない味を〝かるみ〟と呼んで守ってきた。「さばきたて、蒸したて、焼きたてが一番うまい」。5代目店主の鈴木潮さん(54)の理想は変わらないが、店はあまりに多忙。「客の顔を見てからウナギをさばく昔のような商売は難しい」

先代が急逝し20歳で店を継いだ1980年代初頭。客は年配層が中心で「新しい客にどうやってのれんをくぐってもらうか必死だった」。若いカップルや家族連れでにぎわう今の店内は隔世の感がある。

国内のウナギ消費はその後過熱した。静岡県内に展開するスーパーで20年にわたり水産物の仕入れを担当する社員（38）は流通量がピークに達した２０００年ごろ、中国産のヨーロッパウナギのかば焼きを、ハーフカット（1尾の半分）５枚パック千円で売ったと記憶する。「今日は面倒くさいから、とお母さんたちが買っていく気軽なおかずだった」。量を食べてもらおうと、店頭で炒め物などのメニューを提案したこともある。

しかし、ヨーロッパウナギの国際取引規制や稚魚の歴史的不漁を受けて店頭価格は高騰する。アナゴやサンマなど代替商品も模索したが、「ウナギのかば焼きに代わる商品はない」と実感する。購入頻度は減っても需要はあり、「食文化を守る意味でも売り続けたい」と考えている。だが、先は不透明だ。

三島市で終戦直後から問屋を営んできた山本実生商店。県東部一帯の専門店に活鰻や加工品を卸す。昭和の終わりまでは20人の従業員がいたが、現在は４人ほど。取引先ではうな丼、うな重の扱い中止や廃業も相次ぐ。先代の富雄さん（71）は「うなぎ屋はもうからない商売になった」と嘆く。

にぎわう店内。老舗の味を求め、値上がりしても客足は衰えない＝４月下旬、静岡県三島市の「桜家」

日本のウナギ食文化

縄文・弥生時代の貝塚からもウナギの骨が出土する。万葉集では「武奈木(むなぎ)」と詠まれた。タレを付けて焼くかば焼きの登場は江戸時代で、浮世絵や落語などに登場し、人気ぶりがうかがえる。切り開いてタレをつける食べ方は元禄時代に京都で考案されたとされる。天保の改革では、贅沢（ぜいたく）品として取り締まり対象になった。ウナギ養殖は江戸深川で始まり、明治30年ごろから浜名湖地域で盛んになった。

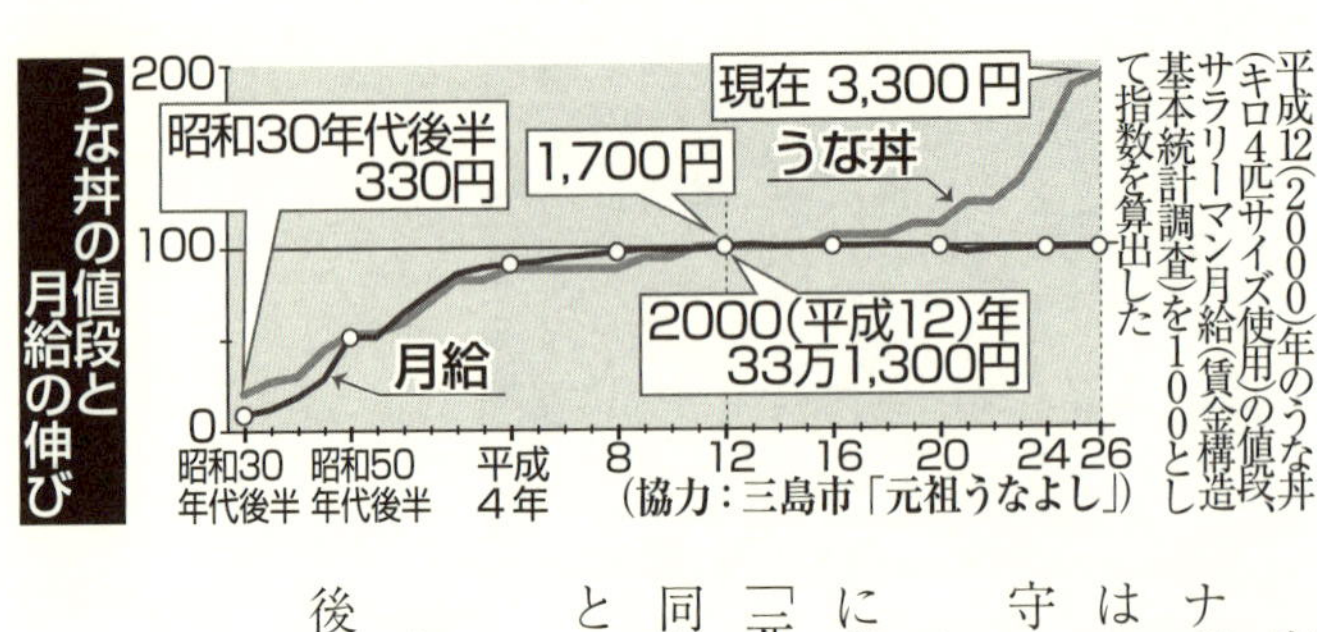

家業を継いで15年ほどの3代目和彦さん（46）は「まさかウナギが資源と呼ばれる時代になるとは」と戸惑いつつも、「もはや大衆魚ではない。量販を控え、専門店のかば焼きの味を守っていくしかない」と感じている。

ウナギは、保護を念頭に食べる時代になった。決めた量以上に売らない「販売制限」を数年前から実践する三島市の専門店「元祖うなよし」（関野忠明店主）は12年以降、5回値上げした。同店のうな丼価格とサラリーマンの月給の推移を重ねてみると、ウナギに今、何が起きているかがよく分かる＝グラフ。

◇

復興と経済成長、停滞、そして規制と退潮。ウナギ需給に戦後の社会経済が映る。ウナギとの戦後史を振り返る。

（2015年5月10日・静岡新聞）

▽インタビュー　湧井恭行・全国鰻蒲焼商組合連合会理事長

食文化守る責任自覚

日本人に広く愛されるうな丼やうな重、ひつまぶし…。稚魚（シラスウナギ）の不漁による資源管理の強化や現実味を帯びる国際取引規制など、食材、商材としてのニホンウナギの供給環境は大きく変わりつつある。現状をどう受け止めるか、かば焼き専門店で組織する全国鰻蒲焼商組合連合会の湧井恭行理事長（74）に聞いた。

「危機」迎えた商材

――ウナギは資源だけでなく、食文化も危機を迎えている。

「われわれの子や孫の世代が食べるウナギがない、という事態は避けなくてはならない。そのために資源保護は必要だ。現在の資源枯渇を招いた一番の原因は、加工品の量販が膨らんで起きた過剰消費。安く大量に売ることを抑制し、いかに大事に食べ続けていくかを考えるべき時だ」

――来年（２０１６年）にも、国際取引を制限するワシントン条約の対象になる可能性がある。

「何らかの規制対象になるというのが大方の見方と聞く。結果次第で業界への影響はもちろん大きい。資源保護の観点からやむをえない面はあるが、日本人にとってウナギを食べることは大事な食文化。希少な生き物をむやみに食べているわけではないということを、諸外国に理解してもらう努力も必要だ。そのことは国にも働き掛けていきたい」

技と味　世界に発信

――具体的に何を訴えていくべきか。

「ウナギは海外でも食べられているが、食べ方は丸のままやぶつ切りで、日本のようなやり方で調理して食べる国は他にない。江戸時代に庶民に爆発的に浸透したのは、ウナギをさばいて骨を取り除く技術が編み出され、さらにしょうゆやみりんの登場で、食べやすくおいしくなったから。切れ味の鋭い刃物など日本独自の文化を反映した、伝統ある日本食だと分かってもらわなくては」

湧井恭行（わくい・やすゆき）
江戸寛政年間に創業した東京・日本橋の老舗うなぎ料理店「大江戸」の9代目当主。東京鰻蒲焼商組合理事長を経て全国連合会を発足させ、初代理事長を務める。

――業界としての取り組みは。

「外国人向けにウナギ食の文化を解説する英語対訳付きの小冊子の作製を検討している。売る側がもうけだけを考えるのでなく、ウナギを食べる文化を守ることの責任や意義を自覚して売ることも重要。業界内の啓発にも力を入れていきたいと考えている」

（2015年5月10日・静岡新聞）

産地盛衰　2

養鰻バブル―「金生む稚魚」取り合い

「ウナギはもうかるからと、田んぼが次々と養鰻池になっていった」。戦後復興と高度経済成長を先取りするように、昭和30年代、静岡県の浜名湖地域は既にウナギ養殖の興盛期を迎えていた。浜松市西区の相兼商店（現・相兼水産）で稚魚（シラスウナギ）の仲買いを担当していた田中康裕さん（80）＝同市北区＝は、郷土の景色が塗り変わった光景を今も忘れない。

経済成長とともに、東京や大阪など都市部でウナギの需要が拡大。東西両市場の中間にあり、温暖で地下水に恵まれた浜名湖周辺では養鰻業が一気に広がった。静岡県の養殖業者は昭和30年代に倍増、生産量も約7倍と爆発的に伸びた。

「ゴルフ場の会員権を買ったり、外車に乗り始めたり。「銭のない国に行ってみたいもんだ」」。田中さんは、浜松市の業者が冗談交じりに口にした言葉を覚えている。最盛期を迎えた浜名湖地域は、まさに〝養鰻バブル〟だった。

だが、転機はすぐに訪れる。養殖ウナギの生産急増で家庭でも食べられるようになったウナギは大衆食品化が進んだ。高まる需要とは裏腹に、昭和30年代後半は深刻な稚魚の不漁に陥る。稚魚を買い求める田中さんら仲買い業者の目は、九州や四国をはじめ全国へと向けられた。

昭和40年代初めの養鰻池の作業風景＝浜名湖

「当時は稚魚の取り合い。集めれば金になったから」。田中さんの同僚で、九州や四国での買い付けを担当した藤原修作さん（76）＝同市＝は語る。胴巻きに数百万円の現金を忍ばせ、稚魚の県外移出を禁じる地域では闇夜に紛れて「白いダイヤ」を運び出した。「今思えば、密輸みたいな感じ。それだけ稚魚が欲しかった」

一方、当初は稚魚の価値すら知らなかった九州・四国でも、昭和40年代に入ると「ウナギは金になる」との意識が広がり始める。「シラスの価値を教えに行ったようなもの」と藤原さんが振り返るように、養殖のノウハウは東海地方などの問屋から伝えられ、九州や四国で養鰻業の土台が築かれていった。

間もなく、生産効率の高い配合飼料やハウス養殖が登場

大正期の政策とウナギ養殖

服部倉治郎が1900（明治33）年に事業化に成功した浜名湖地域の養鰻業は、19（大正8）年公布の開墾助成法、21年の公有水面埋立法で弾みがつく。湖を埋め立てて養殖池が造られ、その土を取った跡地も利用され、養殖場が次々に現れた。この少し前の統計によると、当地の10アール当たり収益性は米の10円前後に対し、ウナギは約60円。低湿地で生産力の低い水田は相次いで養鰻池に転換した。

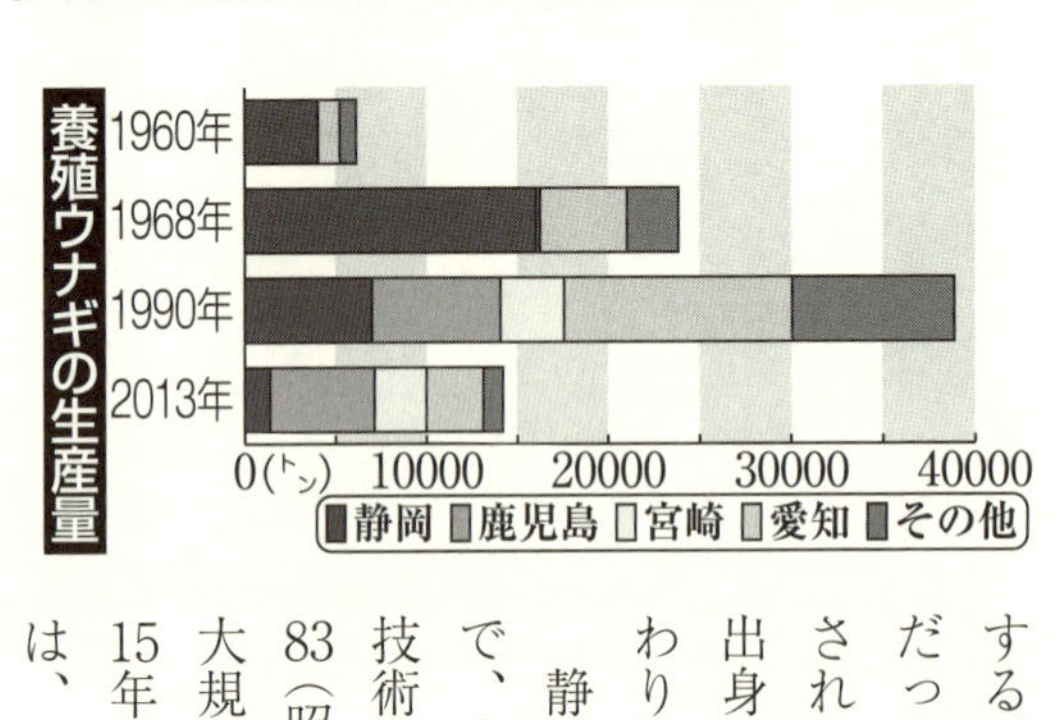

する。その新技術を追い風にした九州・四国と静岡県は対照的だった。「養鰻経営の変化に対応できずに規模縮小を余儀なくされた」と、増井好男東京農大名誉教授（73）＝静岡県焼津市出身＝は指摘する。業界の勢力図は、戦後20年余りで大きく変わり始める。

静岡県の養殖ウナギ生産量のピークは１９６８（昭和43）年で、全国の7割近くを生産した。しかし、水利を生かし、養殖技術を高めた愛知県一色町（現・西尾市）の生産が盛んになり、83（昭和58）年に愛知県がトップになる。そして98（平成10）年、大規模化を進めた鹿児島県がシェア1位に躍り出る。いずれも15年間隔。稚魚価格が１キロ当たり約２５０万円と暴騰したのは、その15年後の２０１３年のことである。

（２０１５年5月11日・静岡新聞）

産地盛衰　3

水田、次々池に―浜松で見た〝夢〟追って

宮崎県佐土原町（現・宮崎市）で電器店を営んでいた故川瀬松夫さんは１９６４（昭和39）年に東京に出張した帰り、浜松市のとある養鰻場にふらりと立ち寄った。経営者にその年の出荷の目標額を尋ねると、指を１本立てた。「１千万円とは多いな」とあっけにとられた川瀬さんだったが、それが１億円と分かり、宮崎県初の養鰻導入を決意する。

当時、県内でウナギといえば天然物。川瀬さんの妻恵美さん（84）によると、稚魚のシラスウナギの存在は皆知っていたが、それを採って育てる発想はなかった。恵美さんは「川に行けば、素人の私でもひしゃくで面白いように採れた。静岡や愛知が高値でも欲しがっていると知り、毎晩のように通うようになった」

大量のシラスウナギを売りさばき、１年でまとまった資金をためた川瀬さんは65年、

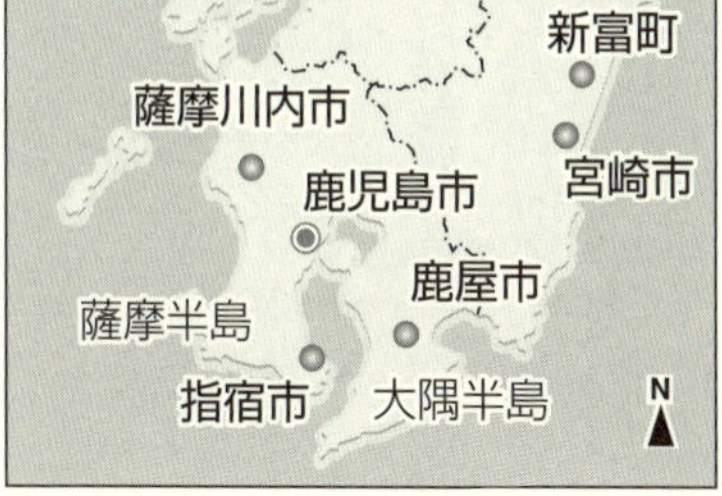

1960年代後半の川瀬松夫さんの養鰻池。中央に見える三角形の建物は餌場＝宮崎市佐土原町下田島

同町下田島の日向灘そばの水田600平方メートルに養鰻池を造成。静岡県水産試験場の元職員が書いた「養鰻の実際」（緑書房）を唯一の手引書に、2年後には池を11面（計2万2千平方メートル）に拡大させる。

景気のいい川瀬さんの後を追い、周囲の農家や町議、資産家らが次々に参入。水はけが悪く農地には不向きで、土地が安かった一ツ瀬川河口右岸に「雨後の竹の子のように」（古参の養鰻業者）毎月毎月新しい養鰻池ができていった。県地方史研究会（杉尾良也会長）によると、町内では66年からの6年間で76人の新規参入があったという。うち21人は養鰻先進地の静岡、愛知県からの移住者。池などの確保に苦労していた業者の次男、三男らが養鰻に適した温暖な気候で、シラスウナギが容易に手に入る宮崎県に新天地を求めた。

初期の南九州養鰻業

宮崎市佐土原町の養鰻池は田を１メートルほど掘り、側面をコンクリートの板で固定。底には海の砂を敷いた。冬場に採捕したシラスウナギを順次池入れし、餌にはイトミミズやアジ、サバなどの生餌を使用した。冬場は餌を食べないため、出荷には２年ほどかかっていた。生存率は低く、大雨の後はウナギが近くの道路に打ち上げられることも。池入れしたシラスウナギの20%が出荷できれば利益があった。鹿児島県ではでんぷん工場の水槽を再利用することが多く、温泉を活用する例もあった。

杉尾会長は「技術者が入り込み、佐土原養鰻は格段に前進。10年そこそこで全国有数の産地になる産業はそうないだろう」と話す。駆け出しの頃の川瀬さんも「宮崎の産業発展のため、養鰻を１００億円産業に」と夢を語っていたという。

同じ60年代半ば、輸入品の台頭で価格暴落に苦しんでいた、鹿児島県薩摩川内市や大隅地方のでんぷん業者らが養鰻へ転向。もともと工場にウナギ飼育にも転用できるタンクを持っていたため、初期投資が少なくて済んだ。でんぷん業者は次々と養鰻へ飛び付いていった。

（２０１５年5月13日・宮崎日日新聞）

産地盛衰　4

ハウス養鰻―通年出荷、町挙げ産地化

シラス台地が広がる鹿児島県大隅地区では、栽培するサツマイモを原料にしたでんぷん生産が盛んだった。だが１９６０年代後半になると、輸入品の台頭で苦しい経営を強いられた。業者らが目をつけたのが養鰻だった。

町を挙げて乗り出した串良町（現・鹿屋市）では、高齢化で増えてきた休耕田を養鰻参入者が購入。瞬く間に養鰻場が町じゅうに立ち並んだ。

この当時に旧串良町経済課長を務めた、奥園利貞さん（88）は「血気盛んな青年たちの原動力は大きかった。ウナギの町づくりへ、『がんばれよ』と陰で見守っていた」と懐かしむ。71年には、町のあっせんで大隅地区養まん漁業協同組合を設立。産地の確立に向けて、経済課内に事務局を設けた。

当時、県内では薩摩半島側でも養鰻業が着々と広がっていた。どうやったら差をつけられるか。大隅が目を付けたのは、高知県春野町（現・高知市）で始まったハウス養鰻。施設園芸用のビニールハウスを養鰻に活用し、年間を通し出荷が可能となった。

急成長を遂げた鹿児島県・旧串良町の養鰻業。町を挙げた取り組みが新産業を生んだ＝1975年7月

組合員は何度も春野へ学びに出かけた。「養鰻で勢いづいてきた（薩摩半島の）川内や指宿がうらやましかった。自分たちもウナギで一旗揚げたい。その一心でしたよ」。68年に串良で養鰻業を始めた、松延一彦さん（70）は振り返る。

宮崎県でも72年ごろから、養鰻池にボイラー設備を付ける業者が増え始めた。新富町では毎日、業者5、6人が一つの養鰻場に集合。酒を飲みながらの〝養鰻談議〟を重ねた。

中村宗生さん（78）は「先進地をまねるだけではなく、地元業者が情熱を持って取り組んだからこそ今がある」と胸を張る。

鹿児島県内では70年代前半に大隅、種子島に大手商社が参入。設立した合資会社や子会社などが養鰻を手がけ、ブームと呼んでもいい活況を呈した。

地元では「養鰻業者は用を足しているときですら、

ハウス養鰻

施設園芸用として利用していたビニールハウスを転用した養殖技術として、1960年代半ばごろから広がった。高知県春野町がスタートといわれ、冬眠するウナギの習性を克服し、一年中餌を食べるようになり、効率よく養殖できるようになった。低水温で発生する「えら腎炎」も防ぎ、歩留まり向上にもつながった。鹿児島県大隅地区では水温16～19度の地下水を、ボイラーで30度程度まで温める。

笑いが止まらない」といわれるほどの好調ぶり。73年ごろには、大隅地区で地割れや地下水の枯渇が問題となり、水をふんだんに使う養鰻業の普及が一因とされた。

大手企業は最新技術も持ち込んだ。だが養鰻は、24時間管理に目を光らせなければならない。壁にぶつかると迅速に判断が下せない企業は、10年程度で撤退。大手との激しい競争の体験が、地元業者の技術を飛躍的に伸ばすことにつながった。

（2015年5月14日・南日本新聞）

産地盛衰　5

高度成長の波―東海と南九州　主役交代

「空からウナギが降ってきた」。昭和40年代半ば、静岡県新居町（現・湖西市）の露地池で養鰻を営んでいた秋野能臣さん（71）は、そんな子どもたちの騒ぐ声で異変に気付いた。死んだウナギが大量に浮かんだ池に、野鳥が繰り返し飛来。重さに耐えかねて鳥が上空で離したウナギが、次々と池の周りに落ちてきたのだった。

原因はウナギのえらと腎臓を炎症させ、大量死に追い込む「えら腎炎」という病気。1970（昭和45）年に爆発的に広がった。

予防には水温を高く保つことができるビニールハウス張りの池が良いとされたが「ハウスは素人。すぐに対応できなかった」と秋野さん。導入はしたが、露地との技術の違い、設備投資などが負担となり、他業者と同様、やがて撤退した。

68年に910あった静岡県内の養鰻業者数は、3年後の71年に821に減り、その

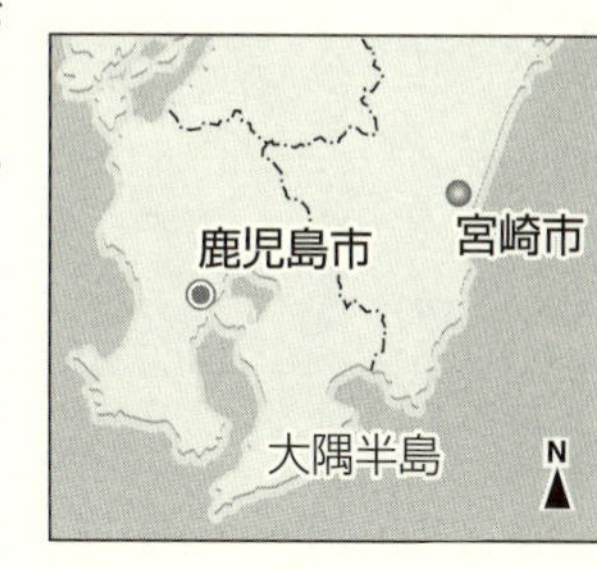

かつて日本一の養殖ウナギ産地だった浜名湖地域。埋め立てられた池の跡に、今では太陽光パネルも並ぶ＝４月18日、浜松市西区（静岡新聞社ヘリ「ジェリコ１号」から）

後も下降線をたどる。

新興の宮崎、鹿児島県では感染を経ても業者が増え続けた。一昨年に引退した宮崎市の柴田範一さん（66）は「被害は深刻だったが、誰もやめようとしなかった」。柴田さんは愛知県出身。養鰻を営んでいた親の反対を押し切り、69年に宮崎で養鰻場を開いた。えら腎炎が広がる前年のことだった。

同じころ、静岡、愛知県には高度経済成長の波が押し寄せ、オートバイなどの工場が相次いで稼働するとともに、地価も上昇。養鰻業者も土地を手放し、後継ぎたちはサラリーマンになった。

対照的に土地が安く、めぼしい転職先もない南九州。柴田さんは「ウナギ以外に道はなかった」。業者は病気を機に、それに負けな

シラス台地と地下水

　桜島、霧島連山などの火山活動が活発な南九州では、火砕流などの噴出物が堆積し台地を形成している。細かな軽石や火山灰の地層のため水はけがよく、雨は地中深くに浸透。川として流れるのではなく、地下に豊富に蓄えられていく。またシラス台地は天然のろ過装置の役割も果たしており、長い時間をかけて染みこむ過程で水がきれいになるとともに、土中のミネラルが溶け出し良質な地下水になるとされる。

い経営を目指して積極的に設備投資を重ねた。昭和50年代に入ると、鹿児島の大隅地区で新技術が確立する。

　それまでは土の池底に敷いた石につく微生物で水質を調整するのが主流だったが、池全体をコンクリートで固め、水を頻繁に入れ替えることで水質の問題をクリア。シラス台地の豊かな地下水があればこそで、掃除などの手間を軽減し、経験と勘が頼りだった養鰻に、機械制御という革新をもたらした。

　ウナギに合うとされる軟水や豊富に採れる稚魚など、もともと優位な点が多かった同地区。効率化に後押しされ１９９８年、ついに鹿児島県が日本一の養殖産地へと登りつめた。

（２０１５年5月15日・宮崎日日新聞）

産地盛衰 6

輸入の功罪—国産志向高まり偽装も

2008年3月、鹿児島県東串良町の食品総合商社大隅営業所に鹿児島県警の捜査員が入った。台湾、中国産の活鰻(かつまん)を国産と偽り加工業者に売りさばき、多額の利益を得ていた。「長年にわたる常習的な偽装行為」。営業所の元所長らが有罪判決を受けた。07年には静岡、宮崎でもウナギ卸売業者や加工業者が台湾産を国産と偽っていたことが明るみになった。背景に消費者の国産志向があった。「高値で売れるし、味の区別が付かない」(鹿児島県内の養鰻業者)というう ま味に付け込んだ。

中国、台湾産の輸入ウナギが店頭をにぎわしたのは1990年代から。94年に中国がヨーロッパウナギの養殖に成功すると急増した。2000年には、かば焼きなど加工品の輸入が活鰻換算で12万トン近くになった。

「洪水のように入ってくる輸入品に打つ手がなかった。国産を高値で買ってくれる人はおらず、ひどいときは活鰻のキロ単価が500円台まで下がった」。大隅地区養まん漁業組合の組合長だった松延一彦さん(70)は、東京の街中で、かば焼き10枚が

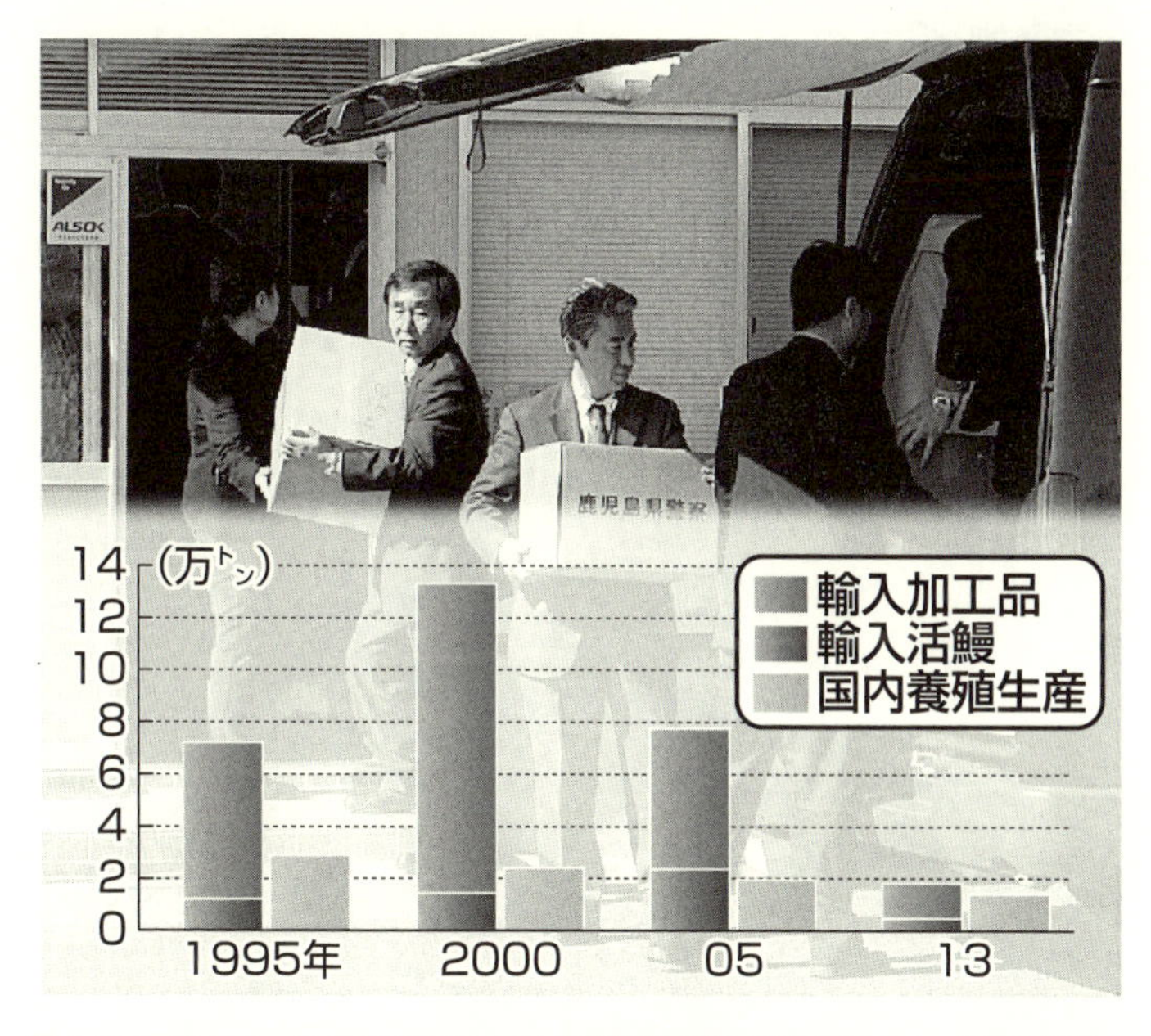

輸入ウナギはピークの2000年、国内養殖生産の5倍を超えた（貿易統計と漁業・養殖業生産統計より。加工品は活鰻換算）。写真はウナギ産地偽装事件の家宅捜索（2008年3月、鹿児島県東串良町）

千円で売られていたのを覚えている。日本養鰻漁業協同組合連合会の会長と水産庁に出向き、緊急輸入制限（セーフガード）発動も要請した。

厳しい経営に静岡、愛知では養鰻場をゴルフ場に転用する動きもみられた。地価の安い鹿児島ではそれもできない。組合員が「逆ざや」にならないよう、組合は金融機関の融資を頼りに一定量を破格の高さのキロ１３００円で買い取った。鹿児島県内では01年までの5年間で、養鰻業者が89社から55社に激減した。

しかし、中国産に禁止薬物が含まれていたことが発覚し安全性が問題になると、風向きが変わった。人気は国産に集まり輸入物と価格差が広がった。国も原産地

ウナギ産地偽装

食品に対する消費者の「安全・安心」意識の高まりから国産ブランド志向が強まり、2000年ごろから安い外国産を国産と偽って高く販売する手口が横行した。台湾、中国から輸入したウナギのかば焼きなどに「国産」のシールを貼って販売する手法が多く、全国で摘発や行政指導が相次いだ。明るみになる偽装は氷山の一角といわれ、長年にわたって行われていたとされる。原産地表示が義務化された02年以降、摘発が増加。牛肉、鶏肉などでも見られた。

表示義務化（02年）、中国産ウナギ全品検査（03年）に乗り出した。

日本鰻輸入組合（東京）の森山喬司理事長（73）は「単価が下がり食卓に上るようになったのに、猛烈な勢いで国産神話が広まった。安全性の問題を克服できた今でも覆せない」と悔しげに語る。

だが大量消費の末に待っていたのは、ウナギ「絶滅の危機」。業界は、国際競争とは別次元の難題に直面する。鹿児島の養鰻業者からは、資源保護を目的に始まった稚魚の池入れ制限に零細業者が持ちこたえられず、大手への集約が進むと予測する声も聞かれる。

（2015年5月16日・南日本新聞）

産地盛衰　追記

資源保護と産業　岐路に

ニホンウナギが「絶滅危惧種」に指定され、保護機運が高まるとともに、資源管理の仕組みづくりが国内外で進んでいる。養鰻と生態研究の「これまで」を知り、ウナギ養殖業とウナギ食文化の「これから」を考えたい。戦後の養鰻の歩みは①復興期（終戦から１９６０年まで）②拡大期（61〜71年）③国際化の時期（72年以降）に区分される。オイルショックや輸入急増、産卵海域の特定など、どの時期にも苦難と挑戦、技術開発や発見があった。戦後社会を映して急発展し、収縮過程に入ったウナギ産業は今、資源問題に直面し、新しい時代を迎えた。

主産地、東海から南九州へ

日本のウナギ養殖は１８７９（明治12）年に服部倉治郎によって、東京・深川で始められた。服部が浜名湖地域でウナギ養殖を始めたのは１８９７（明治30）年。このころ、愛知県豊橋地域、三重県桑名地域でもウナギ養殖が始まっている。

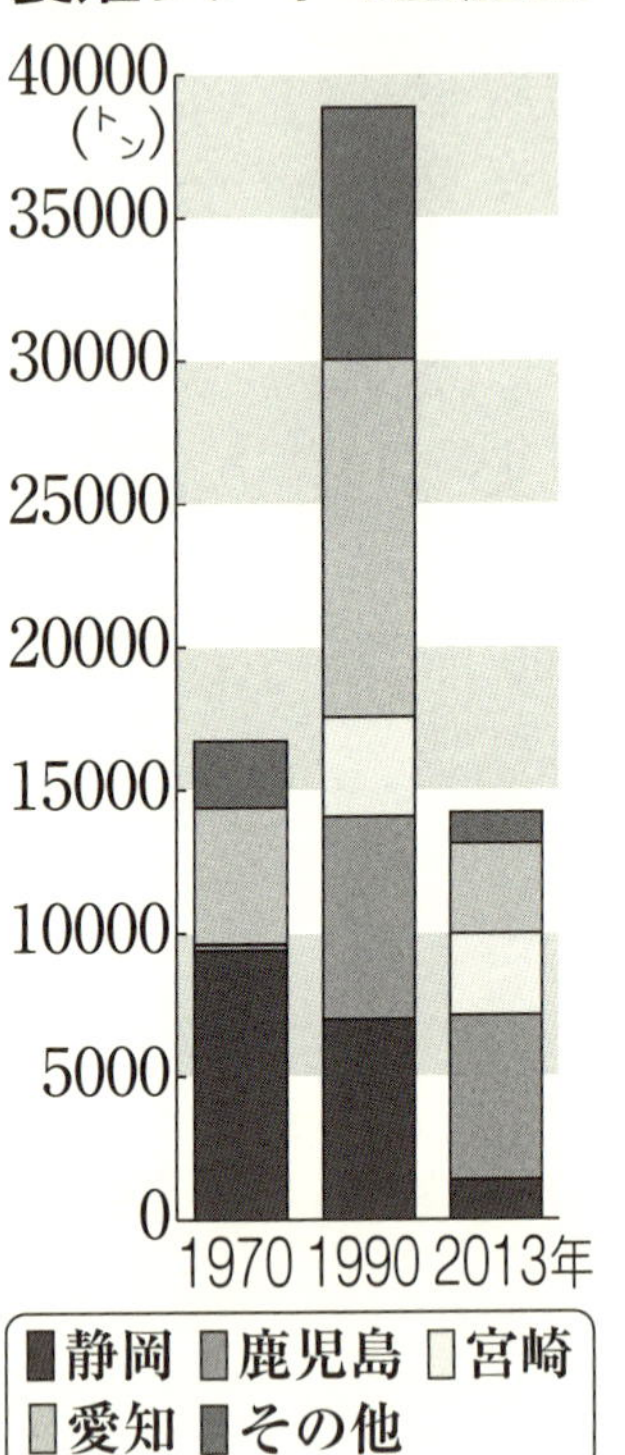

服部倉治郎
(1853～1920)

1970年前後までは静岡、愛知、三重が生産の中心地だったが、配合飼料の普及やハウス加温方式の導入による生産拡大に伴って、それまで種苗（稚魚＝シラスウナギ）供給地だった南九州が一大養殖産地として台頭した。2013年の養殖ウナギ生産量は、鹿児島県と宮崎県で全国の6割超を占める。

1960年代後半

2015年2月

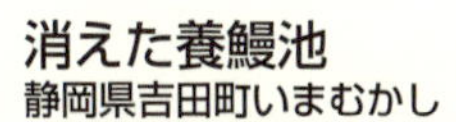

消えた養鰻池

静岡県吉田町いまむかし

1960年代後半、日本一の養鰻の町として栄えた静岡県吉田町川尻地区には、大井川の水をたたえた養鰻の露地池が広がっていた。技術改良で養殖方法が露地池からビニールハウス池に転換し、養鰻の役割を終えた露地池は住宅や工場へと姿を変えていった。

1994（平成6）▶シラスウナギ採捕や密漁監視などを行う宮崎県内水面振興センターが設立。行政機関の出資によるシラスウナギの採捕団体は全国初

1997（平成9）▶シラスウナギの価格が高騰

1998（平成10）▶鹿児島県のウナギ生産量 7020トンで愛知県を抜き全国1位に

1999（平成11）▶シラスウナギの池入れ量多く（中国、台湾、日本で 136トン）、生産過剰となりウナギ相場下落（1キロ1000円）

2000（平成12）▶中国、台湾から13万トンのウナギを輸入。日本の供給と合わせて16万トンで過去最高。日鰻連が政府にセーフガード発動を要請

2002（平成14）▶ウナギ養殖経営体縮小。全国 500 経営体を割る

▶「農林物資の規格化および品質表示の適正化に関する法律（JAS法）」が改正され、加工品の原料原産地表示が義務化された

2003（平成15）▶独立行政法人水産総合センター、シラスウナギの人工ふ化と育成に成功（世界初）

▶全国養鰻漁業協同組合連合会（全鰻連）設立（九州地区の養鰻組合が加入）

2005（平成17）▶養殖ウナギ生産量2万トンを下回る

2006（平成18）▶東大海洋研究所がニホンウナギのプレレプトセファルスの採取に成功し、産卵場所をマリアナ諸島沖と特定

▶輸入ウナギにポジティブリスト制を導入。地域団体商標登録制を導入。愛知県の一色うなぎが登録された

2007（平成19）▶ヨーロッパウナギの取引がワシントン条約の規制対象とされる

2008（平成20）▶静岡うなぎ漁業協同組合設立（焼津養鰻漁協、大井川養殖漁協、丸榛吉田うなぎ漁協、中遠養鰻漁協が合併）

2009（平成21）▶東大大気海洋研究所などがニホンウナギの受精卵採取

2010（平成22）▶水産総合研究センターがウナギの完全養殖に成功（世界初）

2013（平成25）▶環境省がニホンウナギを絶滅危惧種に指定

2014（平成26）▶6月、国際自然保護連合（IUCN）がニホンウナギおよびボルネオウナギを絶滅危惧種に指定

▶9月、東京でウナギの国際的資源保護・管理にかかる第7回非公式協議。池入れ量2割削減を決定

▶10月、全日本持続的養鰻機構が設立

▶11月、ウナギ養殖業が届出制となる

2015（平成27）▶日鰻連と全鰻連が再統合

ウナギ養殖と研究の歩み

1879(明治12)	▶服部倉治郎、東京・深川でウナギ養殖業を始める
1897(明治30)	▶服部倉治郎、浜名郡舞阪町(現・浜松市)でウナギ養殖業を開始
1912(明治45)	▶鹿児島県水産試験場が鹿児島市の汽水池でコイなどとともにウナギの養殖試験を実施
1919(大正8)	▶開墾助成法公布。耕地造成の跡地をウナギ養殖池として利用
1921(大正10)	▶公有水面埋立法公布。埋め立て地と埋め立て跡地がウナギ養殖池として利用された
1922(大正11)	▶シュミット博士(デンマーク)が、ヨーロッパウナギとアメリカウナギの産卵場所を大西洋のサルガッソ海と特定
1949(昭和24)	▶浜名湖養魚漁業協同組合、榛原養殖漁業協同組合設立
1957(昭和32)～59(昭和34)	▶鹿児島県串木野市、枕崎市、指宿市でウナギ養殖が相次いで始まる
1964(昭和39)	▶鹿児島県川内市でもウナギ養殖が始まる
	▶シラスウナギ不足で台湾、韓国、中国より輸入
	▶配合飼料販売始まる
1965(昭和40)	▶日本養鰻漁業協同組合連合会(日鰻連)設立
	▶吉田うなぎ漁業協同組合設立
	▶さつまいもデンプン産業の斜陽化に伴い、川内市や大隅地方で施設を利用した養殖が拡大(鹿児島県)
	▶このころ、宮崎市佐土原町で宮崎県内初のウナギ養殖始まる
1969(昭和44)	▶シラスウナギ不足となりヨーロッパウナギのシラスウナギを輸入
1971(昭和46)	▶病名不明の病気が大発生(後にエラ腎炎と名付けられた)
	▶鹿児島県指宿市の指宿内水面分場でヨーロッパウナギの飼育試験を実施
	▶大隅地区養まん漁業協同組合設立(鹿児島県)
	▶高知県淡水養殖漁業協同組合設立
	▶温室ハウス養殖が普及し始める
1973(昭和48)	▶さつま養鰻漁業協同組合設立(鹿児島県)
	▶北大でウナギの人工ふ化に成功(世界初)
1976(昭和51)	▶台湾のシラスウナギ輸出禁止措置に対抗し、貿易管理令を発令し、台湾へのシラスウナギ(13グラム以下)輸出禁止
1977(昭和52)	▶日本鰻輸入組合設立
1983(昭和58)	▶愛知県が静岡県を抜き養殖ウナギ生産量日本一となる
1989(平成元)	▶全国の養殖ウナギ生産量ピーク(39704トン)

■攪水車＝静岡県水試浜名湖分場で考案

養鰻池のシンボルとも言える攪水車は、静岡県水産試験場浜名湖分場（浜松市西区）の技師が考案し、１９５２（昭和27）年ごろから急速に普及した。水をかき混ぜて酸素を水中に送り、水流をつくってウナギを運動させる。

できるだけ多くのウナギを育てたいが、過密になるとウナギが酸欠を起こしたり、水質が悪化したりする。攪水車は、養殖ウナギの生産性向上に大きく寄与している。シェア７割程度とされる安田電機工業（愛知県豊橋市）の高坂勝美社長（63）は「厳しい条件下で稼働するので、信頼性が第一」と話す。部品の素材は改良されても、基本構造は変わらない。シャフトを通すリングは、昔からカシを使っている。

シンプルな構造の攪水車＝２月６日、愛知県豊橋市西羽田町の安田電機工業

■専用水道＝水質を管理全業者が使用

愛知県の養殖ウナギ生産量は１９８３（昭和58）年から98（平成10）年まで全国１位だった。中心が一色町（現・西尾市）で、現在は愛知県内の８割以上を生産する。

一色の養鰻業は台風被害復旧の公共事業や減反政策に後押しされて発展した。産地化の決め手になったのが養鰻専用の水道敷設。地下水を利用するのではなく、矢作川支流から取水する。ポンプでくみ上げた表流水を養鰻池のある地区まで約９キロ直径90センチのパイプで送る。専用水路は総延長約57キロ。全業者が水質管理されたこの水道を使うため、一色うなぎ漁協への組合加入率は１００％。同漁協の山本浩二参事（61）は「水質条件が同じことが、養殖技術研鑽にも寄与している」と話した。

矢作川支流からの取水場＝２月12日、愛知県西尾市鵜ケ池町

■餌＝配合飼料生産効率上げる

養殖が始まった明治時代の餌は川エビやタニシなどだった。大正時代になると浜名湖周辺で養蚕が盛んだったことから、カイコのサナギを生のまま、あるいは乾燥させて与えるようになった。

昭和初期から肉質改善のため、サナギに加えホッケやイワシ、サバなど生魚や冷凍魚の利用が拡大し、戦後は生魚・冷凍魚のみになった。カイコや生魚を使っていた当時、腐敗しやすい餌の管理や養殖池の水質悪化が課題となっていた。こうした状況を改善したのが１９６５（昭和40）年ごろ登場した配合飼料。乾燥させた魚を粉末にしたもので、給餌作業やウナギの成長の効率は飛躍的に向上した。現在では天然ハーブを混ぜて身の臭みを抑える餌も登場するなど、さらに改良が進んでいる。

ウナギに与えられる餌。配合飼料に水と魚油を混ぜて作るのが一般的＝2月18日、宮崎市佐土原町

■ハウス＝通年の養殖と出荷が実現

静岡県や愛知県が中心だった養鰻は1970年代に全国に広がった。ハウス養鰻技術が確立されたことが要因だった。

池をビニールハウスで覆い、加温した水でウナギを養殖する「加温ハウス養鰻」である。鹿児島県鹿屋市で養鰻業を営む松延一彦さん（70）によると、高知県で施設園芸をしていた農家がハウスで養鰻を始めたことが始まり。松延さんも四国に出かけ技術を学んだ。「当時の（鹿児島県の）大隅地区では秋以降、ウナギが餌を食べず、痩せてしまっていた」。冬眠するウナギの習性が原因だったが、一年中餌を食べるようになり、効率よく養殖できるようになった。水温調節などの技術開発も進み、南九州で大規模化していった。

ビニールハウスで大規模な事業を展開する鹿児島県の養鰻業者＝2月17日、鹿児島県志布志市有明町蓬原

▽寄稿　増井好男・東京農大名誉教授

社会経済映し水田転換

養鰻の産地形成には、水利・種苗・飼料の基本的立地条件に、市場などの諸条件が備えられていることが重要である。わが国の養鰻は、稲作と深い関わりをもって歩んできた。

先進的な養鰻産地を形成した静岡県の浜名湖沿岸地域は低湿地で、もともと稲作に不適であった。同県の大井川下流地域の吉田町や大井川町（現・焼津市）は、大井川の冷水が水田に湧出し、水稲が生育後期に成長不良になる「秋落ち水田」が多く、水稲の低位生産性地域であった。

愛知県の中心的産地である矢作川下流地域の一色町（現・西尾市）は１９５９（昭和34）年の伊勢湾台風が水稲に壊滅的被害を与えたことが契機となって多くの農家が水田を養鰻池に転換した。養鰻は稲作に比較して収益性がかなり高かった。このころ

増井好男（ますい・よしお）
1941年、静岡県焼津市生まれ。東京農大卒。専門は農業経済学。近著は「ウナギ養殖業の歴史」(筑波書房)。神奈川県在住。

から、国民所得の向上によってウナギの需要が増大し、それまで専門店でしか食べられなかったウナギが加工されてスーパーに並ぶようになった。

経済成長の下、昭和40年代のウナギ消費の拡大は、米の生産過剰による減反と時期が重なった。それまで種苗のシラスウナギ（稚魚）を静岡、愛知、三重の各県に供給していた四国、九州地方は成品ウナギの出荷に着目。養鰻池の急速な増加は稚魚の需給ギャップを引き起こし、連年の不漁が重なって稚魚の獲得競争が激化した。稚魚不足を補うため、台湾、韓国、中国からシラスウナギが輸入され、欧州からのヨーロッパウナギ稚魚の輸入も試みられた。

シラスウナギの歩留まり向上対策として養鰻にハウスが導入され、成品ウナギの養成にもハウスを利用するようになった。ハウス養鰻は養殖期間を短縮するメリットをもたらしたが、加温のための重油など生産コストを押し上げる要因となった。

昭和50年代には、日本向けの養鰻が台湾や中国で急速に発展。日本国内産地に大きな影響を及ぼすこととなった。稚魚の不漁は平成になると一層深刻になり、価格は著しく高騰した。このため養鰻の転廃業が進んだ。

養鰻の種苗はすべて天然のシラスウナギであるため、稚魚不足は養鰻業やウナギ食文化の将来を左右する。問題解決策としてシラスウナギの人工ふ化と完全養殖が期待される。いずれも成功しているとはいえ、量産段階には到達していない。業界の英知を結集して養鰻の存続を図ることが求められる。

（２０１５年2月24日）

第二部　ウナギ危機

絶滅危惧種　1

稚魚漁解禁―厳寒に激減の「宝」追う

ニホンウナギが２０１４年、国際自然保護連合（ＩＵＣＮ）から絶滅危惧種に指定され、輸出入規制が現実味を帯び始めました。危機を乗り越えるため、私たちには何ができるのでしょうか。国産ウナギの99％以上が養殖です。養鰻が盛んな県の地元紙である静岡新聞、南日本新聞（鹿児島県）、宮崎日日新聞（宮崎県）の合同取材班が大型連載企画でウナギの「今」に迫り、読者の皆さんと「未来」を考えます。

静岡19時

月明かりのない新月の２０１４年12月22日、足を踏み入れた冬至の天竜川河口（浜松市）は全身が震えるほどに冷たい。

「ほら、これだ」。地元漁師の戸塚博さん（66）がかざす手網の先に、白く透き通る糸のようなものが見える。体をしなやかに動かし、威勢がいい。ウナギ養殖に使われる稚魚「シラスウナギ」。太平洋のグアム島近くで生まれ、黒潮に乗ってやって来る。

シラスウナギ漁

養殖や調査研究を目的に、知事の許可を得て採捕組合や養殖業組合などが決められた期間、場所で行う。一般に稚魚漁期は12月～翌年4月だが、漁獲量が激減した近年は、各県や組合が独自に禁漁期間を定めている。水産庁の資料によると、2014年漁期の池入れ量（国内漁獲量＋輸入量）は27トン、平均価格は1キロ92万円だった。同年9月の日本、中国、台湾、韓国の合意により、15年漁期は池入れ量が前期比2割減に設定された。上限に達した時点で漁は打ち切りになる。

ニホンウナギが絶滅危惧種に指定され、養殖池に入れる稚魚の量に上限が設けられて初の漁期が始まった。

1キロの目安は約5千匹。平均取引価格が1キロ200万円を超えた12年、13年の漁期は、1匹当たり400円以上という計算になる。「白いダイヤ」とも呼ばれる稚魚を求め、日が落ちた厳寒の冬空の下、漁は始まる。冷たい水に身をさらして魚影を追う過酷な作業だ。

養鰻が盛んな3県で始まったシラスウナギ漁＝静岡県浜松市の天竜川河口（2014年12月22日）

シラスウナギが浅瀬を移動する経験則から、天竜川では採捕者が両岸に列を作る。陸から水面を照らすランプの光、そして「経験と勘」を頼りに手網を川に入れる。黙って、何度も。手網の先をのぞき込む。

「ほとんど捕れない日もある。今日はまだいい方だ」。戸塚さんは稚魚を木箱に放り込むと、すぐに視線を水面に落とした。

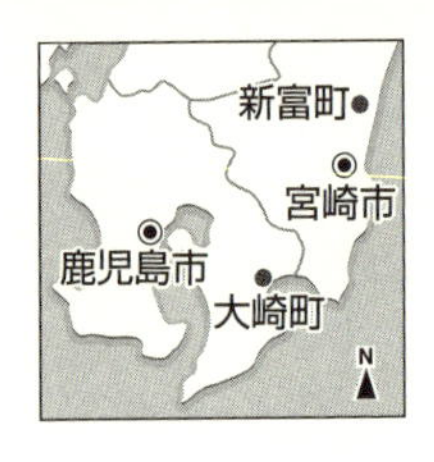

鹿児島20時

太平洋に面した鹿児島県大崎町の夜の浜辺に、ヘッドライトの列が続いていた。今期の漁解禁は例年より半月遅い12月16日。「本当はもっと早い時期に捕りに行きたいのだが…」。漁を待ちわびた採捕者が、一斉に水の中へ繰り出した。

気温7度、水温は18度。陸から吹き付ける風が強く、体感温度はさらに低い。波打ち際に陣取った採捕組合員が、網で水をさらってはじっと目を凝らす。捕らえた稚魚は手際よく、首から提げたかごの中へ。「元気なシラスが捕れてるよ」と採捕者の一人。滑り出しは上々のようだ。

鹿児島県大崎町の菱田川河口（14年12月16日）

宮崎1時

「ここ10年じゃ最高の出足やね」。12月20日未明、宮崎県の一ツ瀬川に浮かべた小舟

宮崎県新富町の一ツ瀬川（14年12月20日）

で、同県新富町の長友五男さん（66）の声が弾む。1匹、また1匹…。闇一色の川面を照らす水中灯へ引き寄せられるように、シラスウナギが次々と集まってくる。満ち潮に乗って川を上る稚魚が、舟からV字に張った網の先端に入り込む。採捕者はそこに直径20～30センチの手網を入れ、1匹ずつすくい上げる。

南国・宮崎とはいえ、真冬の夜は船べりに氷が張ることも。寒さに耐え、電灯につないだ発電機の音しか聞こえない川面でじっとシラスウナギを待つ。「若い人はやりたがらんよ」。還暦をとうに過ぎた長友さんの言葉が、静かに響いた。

◇

稚魚の激減と絶滅危惧種指定により、ウナギ保護機運が高まっている。稚魚が捕れなければ養殖業は成り立たない。ウナギの保護を訴えるには、ウナギを知ることからだ。思い立って、長靴に履き替え、漁場に向かった。

この項では「危機」に直面して動き始めた行政や業界、関係者を追う。

（2015年1月1日）

絶滅危惧種　2

養殖量削減―理解と不安 戸惑う業者

稚魚（シラスウナギ）の国内採捕量は1970年まで、ほぼ年間100～200トンあったが、2010年の漁（09年冬～10年春）から4期連続で10トンを割り込んだ。「回復した」14年は17トン余だった。

東アジア4カ国・地域が14年9月、資源管理で合意したのを受け、水産庁は11月、養殖池に入れる稚魚の数量を制限するガイドラインを公表した。養殖実績のある業者、休業者、新規参入者に分け、過去3年間の実績を基に、ウナギ産地各県に15年漁期（14年11月～15年10月）の割当量が通知された。

50社が「池入れ」を予定する鹿児島県は前期比23％減だった。多くの業者が「保護のためならやむを得ない」と理解を示す。約2割削減だった宮崎県でも減少幅が小さい業者が多いこともあり、「これくらいなら、経営努力でカバーできる」という意見が聞かれた。

前期比27％減と削減幅が大きかった静岡県。吉田町の武田高明さん（59）は「仕方

集荷されたシラスウナギ。この後、組合でまとめて養殖業者に販売される＝2014年12月29日午前、静岡県吉田町（静岡新聞）

ない。ワシントン条約に引っ掛かればどうしようもない」と納得する。

一方で、「想像以上に厳しい数字。国として削減は当然だと思うが」と浜松市西区の養殖業の男性（55）はため息を漏らす。

短期間でウナギを育てる「単年養殖」が盛んな愛知県西尾市一色町も不安は色濃い。7月の「土用の丑」に合わせて出荷するには、漁解禁直後の12月から高値でも稚魚を仕入れなくてはならない。「そもそも量を確保しにくい。赤字リスクも大きい」と一色うなぎ漁業協同組合の山本浩二参事は話す。

全体は理解を示す業者が多い宮崎県でも、新富町の50代男性は「生産現場の声を聞いて設定したのか。資源保護という目的は理解できるが、あまりに一方的なやり方」と憤りを隠さない。

絶滅危惧種指定

国際自然保護連合（ＩＵＣＮ）は約2万2千種の動植物を絶滅危惧種に指定。2014年６月に指定されたニホンウナギは３段階中２番目の「1Ｂ類」で、パンダなどと同レベル。絶滅危惧種指定は法的拘束力はないが、野生生物の国際取引を規制するワシントン条約の協議の参考になる。絶滅危惧種１Ａ類指定のヨーロッパウナギは09年、ワシントン条約で「貿易には輸出国の承認が必要」と定められ、欧州連合（ＥＵ）は輸出を禁止している。

稚魚が高騰した12年はやむなく休業したため、３割超の削減を強いられた。鹿児島県大隅地区で養殖業を営む50代男性も「制限は死活問題になるくらい厳しい」と本音を吐露する。

水産庁は来期の削減方針を示していないため、業界は不安を募らせる。仮に来期、今期実績から一定の割合で削減が求められた場合を考えると、今期の池入れ量はできるだけ減らしたくない。一方で稚魚が不漁になれば取引価格は上がり、資金面から十分な量の池入れ自体が難しくなる。

「今年、上限いっぱいまで池入れできず、さらに来年も削減されるようなことになると、やっていけない」。各県の業者から同じ言葉が聞かれる。

（２０１５年1月3日・南日本新聞）

絶滅危惧種　3

霞が関の狙い—資源管理に包囲網着々

「この紙は後から回収します」

都内の水産庁の庁舎の一室。急きょ集められた各県の養鰻団体役員に、同庁職員が告げた。日本が稚魚（シラスウナギ）の養殖量削減で初の国際合意に至って間もない2014年9月中旬。配られたのは、今後の県別の削減率の原案を記した資料だった。ウナギの資源管理が、国策として各県に初めて数字で示された瞬間だった。「削減率が大きいのでは」「地元にどう説明したらいいのか」。役員から戸惑いの声が上がった。国のはじいた計算式は2カ月後、おおむね現実となる。

16年のワシントン条約の国際協議を見据え、水産庁の業界対応は素早かった。12年に始まった4カ国・地域の協議が終盤に向かう14年5月以降、水産庁は断続的に全国主要養鰻県の団体代表を非公式に招集。各県に養鰻管理組織の設置を指示し、上部組織としての全国的な養鰻管理団体の新設を主導した。

法整備も進み、6月に内水面漁業振興法が成立、養殖業者は国への届け出制に変更された。国は15年度には「許可制」移行を目指す。「ウナギをめぐり、これほど大きく制度が変わった年はない」と水産庁の担当。養殖業者を取り囲む網が着実に張られていった。

10月には国から各県に養殖削減量の概算値が示されたが、この後、思わぬ誤算が生じた。集計作業が長引き、届け出制開始の11月1日が近づいても、各県に割当量の確定値が通知されない。業界だけでなく、各県行政機関も混乱した。

11月から稚魚の池入れを始める宮崎県では、県庁に業者から「結果を早く教えて」と問い合わせが相次いだ。「『国に伝えます』と答えるしかなかった」と同県職員。正式発表は11月14日と大幅にずれ込んだ。静岡、鹿児島両県でも業界から「国の対応は遅い」と批判の声が相次いだ。

国主導の資源管理策が急ピッチで進む。左上は養鰻団体の会合であいさつする本川一善水産庁長官（写真はコラージュ）

4カ国・地域合意

ニホンウナギが分布する日本、中国、台湾、韓国は2014年9月、今期（14年11月〜15年10月）に稚魚を養殖池に入れる量を前期比2割減とすることで合意した。前期の池入れ量が27トン（国内採捕17.3トン、輸入9.7トン）だった日本は21.6トンになった。水産庁は合意に基づき、業者を既存、休業明け、新規参入に分類。各県の既存業者に対し、今期の池入れ量を過去3年間の平均値か、前期の66.8%のいずれかで選択させた。

近く「許可制」になる養殖業者は、池入れ量と出荷量を報告し、国の強力な指導を受ける立場に変わる。養殖業界の声が今まで通り国に届く保証はない。

宮崎県の養鰻団体の役員は「各業者とも補助金に頼らずに経営を続けてきた。政治家には頼らない」と言い切る。一方、別の県の団体幹部は「業者数の少ない養鰻業界は、補償制度のあるコメ農家とは違う。行政に働き掛けるチャンネルは絶対に必要だ」と危機感をあらわにした。

（2015年1月4日・静岡新聞）

絶滅危惧種　4

二つの連合会ー次代の養鰻 統合で活路

「国内外でリーダーシップを発揮したい」。九州の養鰻組合でつくる全国養鰻漁業協同組合連合会（全鰻連、本部・熊本市）の村上寅美会長（75）の声が響いた。狭い会議室にずらり並んだテレビカメラに向かい、本川一善水産庁長官、養鰻県の国会議員が「今日が資源管理のスタートの日」と声をそろえた。

2014年10月30日、東京の衆議院第一議員会館。ウナギ資源を管理する「全日本持続的養鰻機構」の設立総会に、静岡、鹿児島、宮崎などの代表が集まった。持続的養鰻とはつまり、養殖量を管理する取り組みだ。新機構の代表理事には村上氏が就任した。

全鰻連と、東海、四国の養鰻組合でつくる日本養鰻漁業協同組合連合会（日鰻連、本部・静岡市）は15年4月、統合する。日鰻連の白石嘉男会長（64）＝静岡うなぎ漁業協同組合組合長＝は「持続的機構を作るための協議が始まったことで、統合の話が進んだ」と経緯を明かす。

主要養鰻県の業界代表らが出席した「全日本持続的養鰻機構」設立総会。手前が村上寅美氏＝2014年10月30日、東京都内（静岡新聞）

全鰻連は2002年、九州の養鰻業者らが日鰻連を脱退して設立した。背景に、増える輸入ウナギに対抗し、九州産を中心とした国産養殖ウナギの振興を図りたいという思いがあったとされる。

二つの養鰻連の再統合の背中を押したのは稚魚のシラスウナギの不漁。宮崎県養鰻漁業協同組合理事を兼務する全鰻連の大森仁史代表幹事(62)は「養鰻業そのものが危ぶまれている今、内輪もめしている場合ではない」と現状を語る。今後、全鰻連が解散し日鰻連に入る段取りになっている。

しかし、課題もある。連合会への

ウナギの養殖

1879（明治12）年に東京・深川で服部倉治郎が始めたのが最初とされる。服部は気候温暖で餌となる蚕のサナギが入手しやすい浜名湖に着目し、1900（明治33）年、スッポンと並行して事業化した。この成功で浜名湖周辺が一大産地になった。1920（大正9）年、シラスウナギから育てる現在のかたちが愛知県で築かれた。稚魚を出荷していた九州で養殖が盛んになったのは高度成長期の70年ごろから。国内養殖生産量はピークの89年に4万トン近くあったが、国際競争や稚魚不漁で2013年には約1万4千トンに減った。

加入率だ。全鰻連の大森代表幹事は「宮崎では全鰻連への組合の加入率は4割ほど」と説明。「今のままでは合併効果を十分に発揮できないのではないか」と懸念する。

全鰻連は14年11月に中国江蘇省のウナギ業者協会とシラスウナギの取引契約を結んだ。目的は安定調達。村上会長は「透明性のある取引が確立することは、資源管理にも大きなメリット」と強調する。

日鰻連の白石会長も「基本的にはよいこと。日鰻連でもやるかは統合後に検討することになる」と前向きに受け止める。ウナギ保護に向け、大きな波ができつつある。

（2015年1月5日・南日本新聞）

絶滅危惧種　5

意識の世代差―保護は「知ることから」

「うわ、おっきい」「すごいね」。浜松市西区の水産卸販売業「海老仙」を訪れた静岡大学付属浜松中の3年生5人が、大きな体をくねらせる天然ウナギに目を丸くした。「これぐらいの大きさのウナギが、遠州灘に放流されたんだよ」。加茂仙一郎社長(55)の説明にうなずきながら、5人の視線はウナギにくぎ付けになっていた。

5人は総合学習の自由テーマに「ウナギ」を選び、昨春から資源保護について学び始めた。「かば焼きが大好物だから」「新聞を読んで勉強しようと思った」。きっかけはさまざまだが、「身近な地域に貢献したい」という思いは同じだ。ウナギはなぜ、こんなに少なくなったのか―。知れば知るほど興味が湧いた。

「自分たちに何かできないか」。加茂社長に相談すると、浜名湖で2年目を迎えた天然の親ウナギ放流事業について教えてもらった。マリアナ諸島沖へ産卵に向かう親ウナギを増やすのが狙いだが、漁師からの買い上げ資金が必要になる。そこで9月にバザー会場で募金を行い、のぼり旗を掲げて協力を呼び掛けた。

1日で1万3205円が集まった。「中学生では何もできないと思っていたけれど、予想以上に協力してもらった」と宮崎渓君。泉沢悠香さんは「みんな、ウナギを守りたい気持ちは同じ。きっかけがあれば行動したい人は多いと思う」と手応えを感じていた。

ニホンウナギが絶滅危惧種に指定され、資源保護の機運が高まっている。子供たちも激減するウナギの現状に目を向け始めている。

国語教科書で全国の60%以上のシェアを持つ光村図書出版の小学4年生の単元には、産卵場海域を突き止めた塚本勝巳日本大学教授

加茂仙一郎社長（左）の説明を聞きながら、ウナギに見入る静岡大付属浜松中の生徒＝2014年12月19日午後、浜松市西区の海老仙

親ウナギ保護

ニホンウナギは成熟すると川を下り、生まれ故郷のマリアナ諸島沖へ向かう。資源管理のため、遊漁者を含め天然の親ウナギを捕るのを控えようと、宮崎、鹿児島など4県は禁漁期間を定めている。愛知県は漁獲自粛を呼び掛けている。静岡県も2016年の漁期から自主的に禁漁期間を設けるよう内水面漁協に要請した。養殖ウナギの放流は各地で行われているが、放流の効果と生態系への影響などの調査の必要性が指摘されている。

(66)の「ウナギのなぞを追って」が採用された。同社の担当者は「ウナギの危機を知り、子供たちが自ら意識を高めてもらえればうれしい」と願いを込める。

子供たちの理解が進む一方で、大人はどうか。ウナギ絶滅の可能性よりも、うなぎの値段が高くなることのみに耳目が向きがちだ。県西部のウナギ料理店主(75)は「今食べないと食べられなくなる、という駆け込み需要すらある」と打ち明ける。

そんな大人たちに、静岡大学付属浜松中の5人は提案する。

「まずは、ウナギを知ることから始めませんか?」

(2015年1月6日・静岡新聞)

絶滅危惧種　6

アンギラ・ジャポニカ―資源回復へ多分野研究

円柱形の試験管に浮かぶ半透明の直径1・6ミリの球体は、2009年に西マリアナ海嶺で初めて発見されたニホンウナギ（学名アンギラ・ジャポニカ）の卵の標本。このほか世界に生息するウナギ全19種の成魚の標本、西マリアナ海嶺の海底地形を再現したジオラマ―。

東京大学総合研究博物館監修のこれら貴重な資料を一般に公開しているのは、九州山地の東麓、宮崎県美郷町南郷の山深い廃校舎の一画にある「国際うなぎラボ」だ。

環境保全、ウナギの食文化継承に取り組む宮崎市のNPO法人「セーフティー・ライフ&リバー」が13年10月、世界で唯一のウナギ研究・展示施設としてオープンさせた。所長は、産卵場をマリアナ諸島沖と特定した日本大生物資源科学部教授の塚本勝巳氏(66)。今春にも研究部門に博士研究員（ポスドク）を迎え、ニホンウナギの育成技術確立や放流後の追跡調査に着手する。

日本人が昔から好んで食べてきたニホンウナギだが、ようやく5年前に産卵場が突

ニホンウナギの卵の標本など貴重な資料が展示されている「国際うなぎラボ」で、展示資料を説明する海野勝弥主幹＝2014年12月15日、宮崎県美郷町

き止められるなど、その生態は厚いベールに包まれてきた。一方でシラスウナギの漁獲量は激減。近い将来の絶滅も現実味を帯びる中、同博物館が11年に都内で開いた特別展「鰻博覧会」などもあり、学術機関や民間団体による生態解明、保護の機運は高まりつつある。

セーフティー・ライフ&リバーの理事長で、宮崎市で養鰻業を営む大森仁史さん（63）は「ウナギの資源回復が最終的な目標。自然の恵みを頂いてきた私たちには保護に取り組む義務がある」と使命感に燃える。施設を管理する美郷町教委の海野勝弥主幹（46）は「町も研究に関わり、謎が一つでも解明されたらうれしい」

塚本教授が籍を置く日本大学は生物資源科学部や芸術学部、国際関係学部（静岡県三島市）など8学部が連携してウナギをテーマとした統合研究プロジェクト「うなぎプラネット」を15年から始動させる。
「多くの分野の専門家がそろい、これまでにない多彩な研究になると期待している」。昨年末に開いた学内の会議で、塚本教授はこう力を込めた。
「うなぎとひとの共生」を掲げ、研究だけでなく、消費者の意識改革まで及ぶようなプロジェクトを目指し、シンポジウム開催や全国の学校への出前授業などを展開していく計画だ。

（2015年1月6日・宮崎日日新聞）

研究と資源保護の歩み

1973年	北海道大でウナギの人工ふ化に成功
91年	東大海洋研究所がマリアナ諸島西方海域でレプトセファルス（幼生）を採取
2003年	独立行政法人水産総合センターがシラスウナギの人工ふ化と育成に成功
06年	東大海洋研究所がニホンウナギのプレレプトセファルスの採取に成功し、産卵場所をマリアナ諸島沖と特定
07年	ヨーロッパウナギの取引がワシントン条約の対象になる。０９年輸出規制開始
08年	水産庁、水産総合技術センターがニホンウナギの成熟個体を採捕
09年	東大大気海洋研究所などがニホンウナギの受精卵の採取に成功
10年	水産総合研究センターが世界で初めて完全養殖に成功
13年	環境省がニホンウナギを絶滅危惧種に指定
14年	国際自然保護連合（ＩＵＣＮ）がニホンウナギを絶滅危惧種に指定

絶滅危惧種　番外編

専門店　生き残りへ行動―保護と商いの板挟み

1月17日は冬の土用入り。春夏秋冬の土用のうち、ウナギを食べる習慣が定着しているのは夏の土用の丑の日だが、最近では冬場の商機とする専門店やスーパーもある。ニホンウナギが国際自然保護連合（IUCN）の絶滅危惧種に指定されて初の冬の土用。丑の日の25日を前に、資源保護と商売の両立へ専門店主らの思いは複雑だ。

客足が落ち着いた午後3時。静岡県三島市緑町の「元祖うなよし」の店主関野忠明さん（61）は、「本日売り切れ」の看板を店頭に掲げ、店を閉めた。夕方以降の営業をやめたのは1年半ほど前。「専門店はこれからがサバイバル。売れるだけ売っていたらウナギはなくなる」

富士山の伏流水でさらしたウナギを〝売り〟に、三島市には専門店が多く店を構える。「産卵場所へ戻る親ウナギを増やそう」と2008年、市内の26店が参加する「三島うなぎ横町町内会」は、天然ウナギの使用をやめる決議をした。関係団体に働き掛けて啓発ポスターを作製し、各店に掲示して客にも理解を求めている。30日に冬の土用に合わせて開くイベントでも、保護に向けた資料展示を行う。

　一方で、専門店の経営は厳しさを増す。仕入れ値の高騰に消費税増税。ここ数年で多くの店が値上げを余儀なくされ、三島市では「年に何度も値上げしてきた。うな丼の値はかつての1・5倍」と話す経営者も。

　浜松市中区の老舗「八百徳」は2年前から地元の浜名湖地域以外に九州からの仕入れルートを開拓して安定調達に努めている。店主で浜名湖周辺の約30店が加盟する「浜松うなぎ料理専門店振興会」会長の高橋徳一さん（65）は「経

天然ウナギ不使用への理解を求めるポスター＝1月9日、静岡県三島市緑町の「元祖うなよし」

ウナギ離れ

うな重やパックのかば焼きなどの値上げが続き、消費者のウナギ離れは進んでいる。総務省の家計調査によると、2000年に3870円だった1世帯当たりの「うなぎのかば焼き」の購入金額は、06年には2982円、13年には1738円に半減した。専門店も減少傾向で、ＮＴＴタウンページ（東京）のタウンページデータベースによると、05年に全国で4274件あった「うなぎ料理」の登録件数は、14年には3236件にまで減っている。

営努力も限界がある。かといってこれ以上の値上げは客離れを招く」と話す。状況は瀬戸際との認識だ。

周辺地域では、浜名湖で捕獲された親ウナギを買い取って海に放流する保護事業が広がりを見せる。官民連携で2年目を迎えた昨年は、同振興会も協力態勢を強め、買い付け費用の寄付や各店での募金活動を始めた。

「たまの機会でいい。品質の良いものを食べ続けたい」。三島市の店を訪れた山梨県の女性（61）はそう話した。消費者の理解を得ながら、どう資源の使用を抑制していくか。保護と商いのはざまで専門店も岐路に立たされている。

（２０１５年1月17日・静岡新聞）

▽インタビュー　海部健三・中央大助教

保護にデータ必須

国際自然保護連合（ＩＵＣＮ）は２０１４年６月、ニホンウナギを絶滅危惧種に指定した。今後、絶滅の恐れがある野生の動植物を保護するため国際取引を規制するワシントン条約の対象になれば、ウナギの稚魚も成魚・加工品も輸入依存度が高い日本の食生活や関連産業への影響は避けられない。ＩＵＣＮの専門家ワークショップ（13年7月、ロンドン）に参加した中央大学の海部健三助教（41）＝保全生態学＝に指定までの経緯を聞いた。

――レッドリストに記載されたということは。

「科学的なデータに基づき、野生生物の絶滅危険性について評価するのがレッドリストの目的。絶滅のリスクを注意喚起し、保全の重要性を訴える意味合いが強い」

――ニホンウナギが評価対象になったのは。

ワシントン条約

絶滅の恐れのある野生動植物の保護が目的。米国政府と国際自然保護連合（ＩＵＣＮ）が準備を進め、1973年採択。75年発効。日本は80年に加盟した。締約国は180カ国。国際取引が絶滅リスクを高めているかどうかの協議にＩＵＣＮのレッドリストも使われる。国際取引の規制は絶滅の恐れの程度により「商業目的の国際取引禁止」や「輸出の際には輸出国の許可書が必要」がある。次回協議は2016年に南アフリカで開かれる。

「ワークショップはロンドン動物学会が主催した。研究者のほか業界関係者、環境保全団体も参加し、漁獲量などのデータを吟味し、どのデータをどう分析するかを含めて議論した。ワークショップの結論を基に、他の専門家の評価を経てＩＵＣＮが採択した」

――保護機運が高まっている。

「国際的な資源管理枠組みの合意など、行政や業界関係者も具体的な動きを加速させている。ただ、漁業を管理するなら、シラスウナギ漁業と流通の透明化、持続可能な漁獲量の算出が不可欠。同様に、河川環境の調査・整備も課題だ。ダムやせきなどがウナギの生態に及ぼす影響については、環境省の委託事業として調査を進めている」

（２０１５年１月17日・静岡新聞）

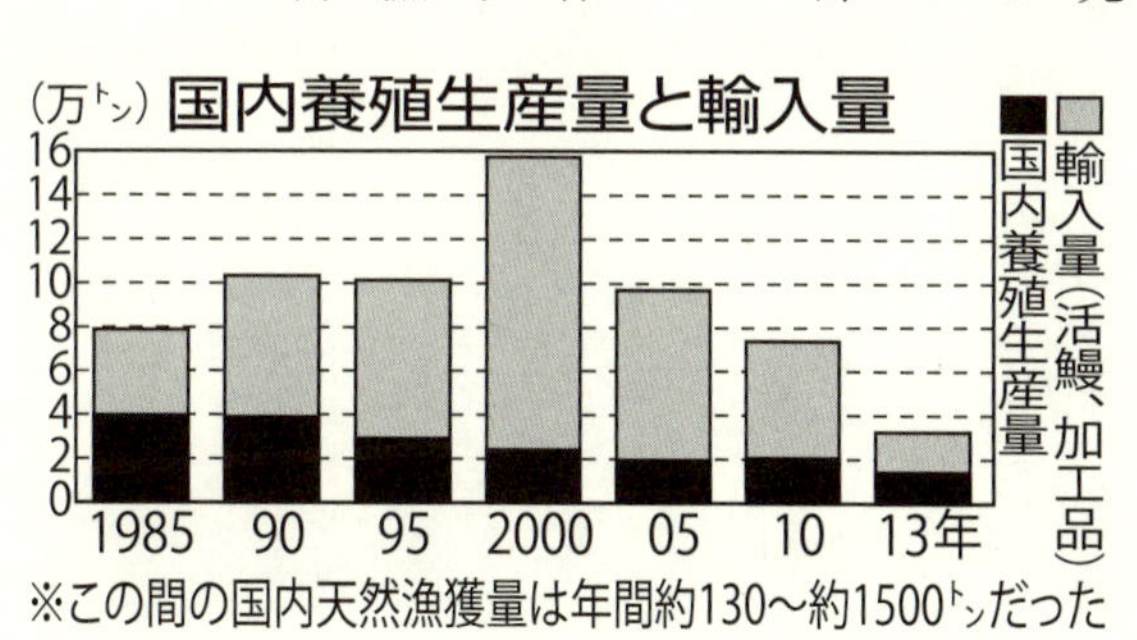

絶滅危惧種　番外編

寒の土用丑―冬需要喚起　小売業熱く

1月25日は、冬の土用の丑の日。寒い時季にウナギを食べる習慣が昔はあったという。「スタミナを付けて風邪を吹き飛ばし、受験を乗り切ろう」。静岡県内でも、スーパーマーケットなどが国産養殖ウナギの特別セールで、冬季の需要拡大を図っている。

県内で12店舗を展開する「西友」は今年初めて、「冬のうなぎフェア」を1月上旬から開催中。消費税増税で各種食料品の値上げが続く中、かば焼き1匹を通常より約100円安い1497円（税抜き）で販売する。

藤枝市の店舗の売り場を夫婦で訪れた同市の飲食業の女性（64）は「冬にも土用の丑の日があるとは」と驚いた様子。「ウナギは今や〝高値〟の花だが、栄養も付くし、たまには冬に食べるのもいい」と商品を選んだ。

同社のかば焼きには、静岡、鹿児島、宮崎各県の養殖池で育ち、生産履歴を確認したニホンウナギのみを使用しているという。絶滅の恐れがある野生動物を保護するワシントン条約の対象になったヨーロッパウナギは取り扱っていない。同社は「政府や国際機関の資源保護の方針を注視し、流通ルート管理や法令順守を徹底している」と説明する。

ユーコープも25日の1日限定で、県内店舗などで国産養殖ニホンウナギのかば焼きを1580円（税抜き）で特売する。担当者は「冬の土用は知名度が低い。ウナギの栄養価と併せ、売り場の看板でウナギの情報を発信したい」と話す。

冬の土用の丑をＰＲする看板を設置したウナギの特設売り場＝１月22日、藤枝市の西友南新屋店

今回の動きの背景には、消費者のウナギ離れへの懸念がある。数年前までは夏以外にも底堅い需要があったが、近年の稚魚の不漁による加工品の価格上昇で、「購入が夏季に偏る傾向が強まっている」と県内流通関係者は指摘する。

ニホンウナギが国際自然保護連合（ＩＵＣＮ）の絶滅危惧種に指定さ

土用

立春、立夏、立秋、立冬の直前約18日間。夏の土用の期間中の丑（うし）の日にウナギを食べる習慣は、江戸中期に発明など多分野で活躍した平賀源内（1728～80年）が夏場の売り上げ不振に悩んだうなぎ屋に店頭広告を提案したことが始まりとされることが多いが、諸説ある。江戸時代の歳時記の11月の項には「寒中丑の日…諸人鰻（うなぎ）を食す」という記述があり、晩秋から初冬にかけての丑の日に旬のウナギを食べていたことがうかがえる。

れて初の冬商戦。ウナギ資源保護と需要喚起を両にらみにする流通大手の動きを、養殖業界は注視している。

静岡うなぎ漁協（吉田町）の白石嘉男組合長は「夏以外にもウナギが消費者に注目してもらえるのはありがたい」と歓迎。「年間を通じて食べてもらうことが、養殖業界の出荷や経営の安定化につながる」と年間での消費の平準化に期待する。

（2015年1月25日・静岡新聞）

絶滅危惧種　関連記事

2015年度政府予算案―完全養殖　実用化推進へ

政府は1月14日に閣議決定した2015年度予算案で、国際的に資源保護の機運が高まるニホンウナギの完全養殖の実用化に向け、研究対策費を増額した。国際取引を規制する16年のワシントン条約の協議を見据え、得意とする研究分野で世界をリードしたい日本。国内養殖業界からは、研究開発と保護対策の推進に期待する声が上がった。

人工授精で育ったウナギから卵を採取し、ふ化させる「完全養殖」は、10年に日本が世界で初めて成功し、実用化に大きな期待がかかる。水産庁は、人工種苗大量生産システムの実証事業費として、前年度から6千万円増額の3億1千万円を計上した。

研究を主に担当しているのは、静岡県南伊豆町にある水産総合研究センター増養殖研究所南伊豆庁舎。幼生（レプトセファルス）の段階のウナギは特に水質の変化に弱く、大量飼育が難しい。同所は昨年、1トンの大型水槽を使った大量飼育に初めて成功し、生存率を高める大量生産の研究を進めている。

ウナギ養殖は、冬から春にかけて海岸や河口で天然の稚魚（シラスウナギ）を捕り、池で大きくして出荷する。ニホンウナギは14年6月、国際自然保護連合（ＩＵＣＮ）が絶滅危惧種に指定し、日本などアジア４カ国・地域が養殖量制限で合意するなど、資源管理対策が急ピッチで進む。

水産庁の担当者は「稚魚の漁獲量は減少傾向にある。今後、天然資源を持続的に活用するために、人工種苗の実用化は欠かせない」と意欲を示す。同庁はこのほか、河川でのニホンウナギの生息実態を調べる調査、養殖に適したウナギを遺伝情報から調べる研究などにも対策費を計上した。

静岡市に本部がある日本養鰻漁業協同組合連合会（日鰻連、本部静岡市）の白石嘉男会長は「業界からも人工種苗対策に力を入れてほしいと国に要望しようと思ってい

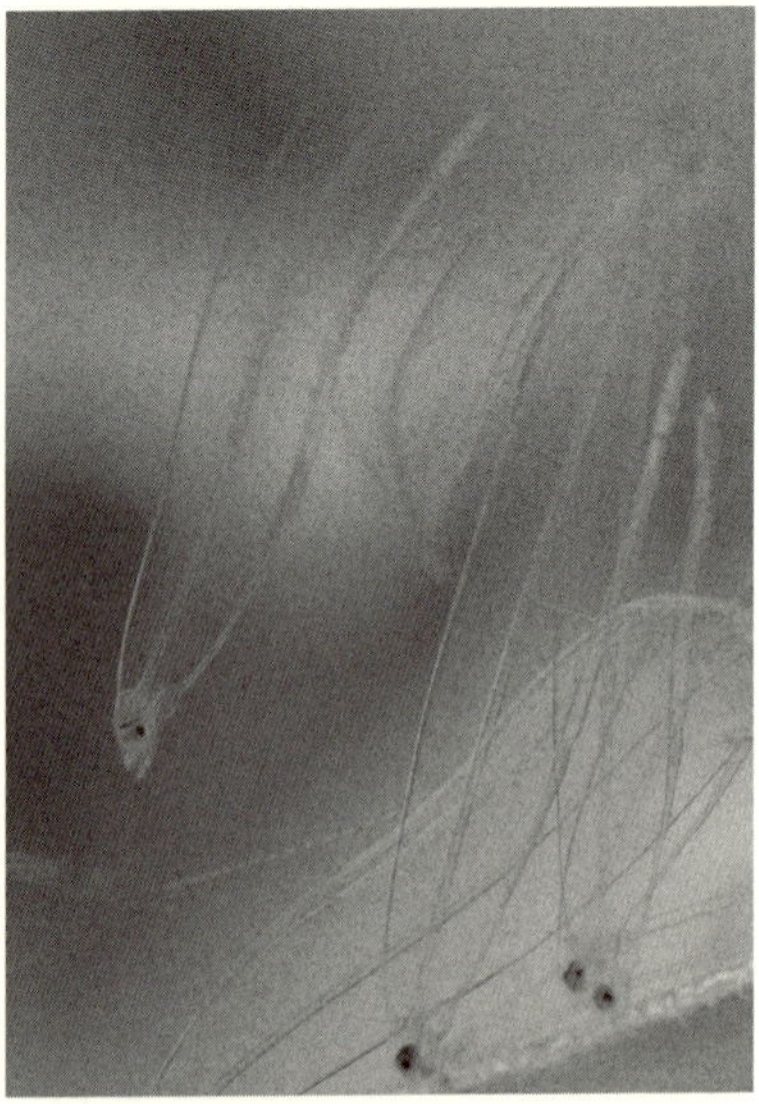

泳ぎ回る完全養殖ニホンウナギの幼生＝三重県南伊勢町の水産総合研究センター

完全養殖

人工ふ化させたシラスウナギを成熟させて卵を採り、これを人工ふ化させて2代目の卵を採る。独立行政法人の水産総合研究センターが2010年、世界で初めて成功した。ウナギの人工ふ化は1973年に北海道大で成功したが、ウナギの生活史が謎のまま手探り状態だった。2009年に東大大気海洋研究所などが太平洋のマリアナ諸島沖でニホンウナギの受精卵を採取し、産卵海域を特定。完全養殖の技術開発を前進させた。ただ、餌のコスト削減をはじめ、解決すべき課題は多岐にわたる。

たので、国の姿勢が見えて良かった。研究を加速させてほしい」と評価した。

浜名湖養魚漁業協同組合（浜松市）の内山光治組合長は「コンクリート護岸の河川をウナギが住める環境にしてほしいという意見も業界内で多く聞く。ウナギが住みよい自然環境についての調査や研究も重要」と指摘した。

（2015年1月14日・静岡新聞）

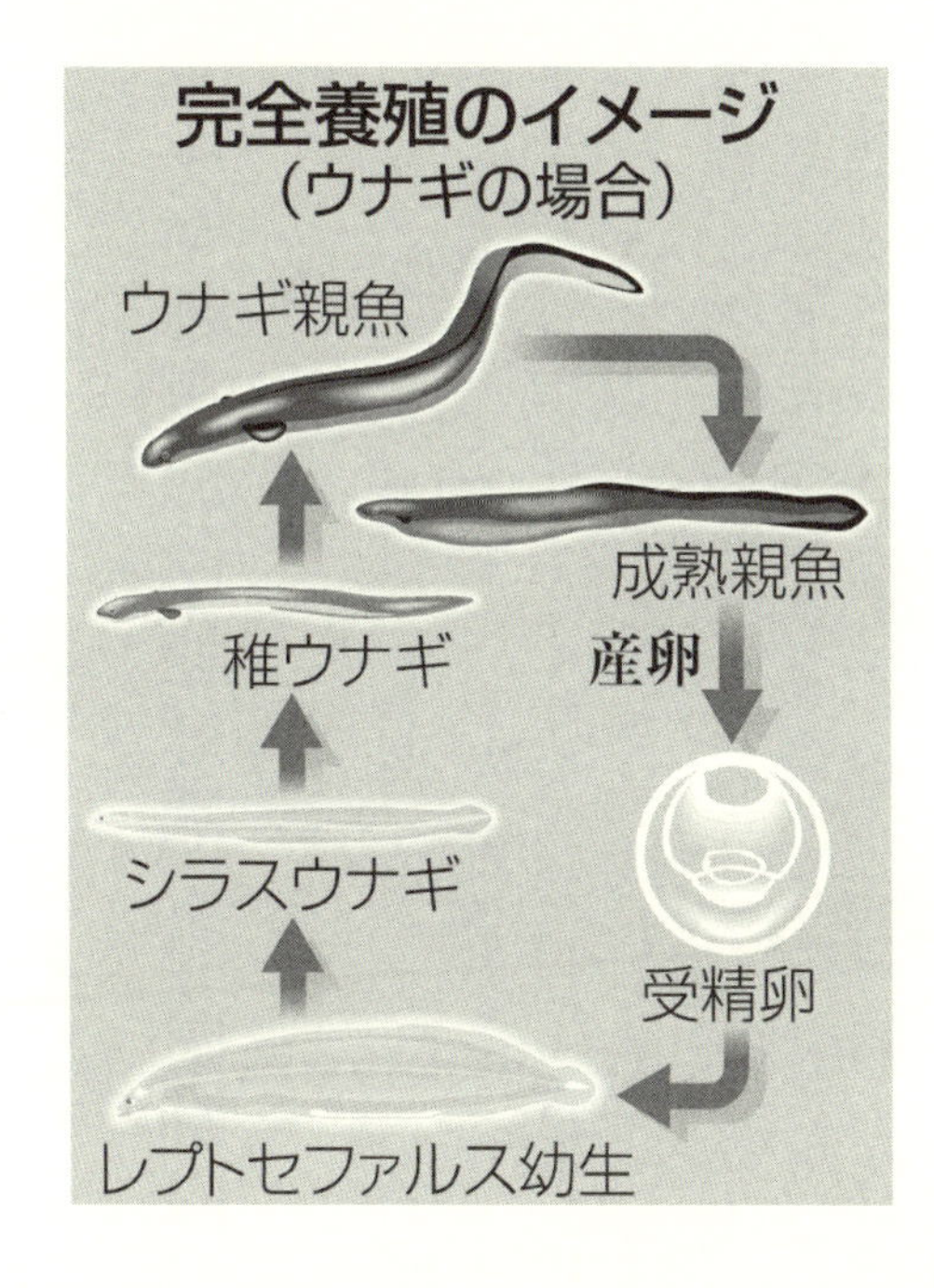

稚魚の行方　関連記事

ウナギ稚魚漁　序盤好調――静岡県内、過去5年で最多

ニホンウナギの養殖に使う稚魚（シラスウナギ）の静岡県内の水揚げが好調に推移している。静岡県の2月16日までのまとめによると、２０１５年漁期（14年12月～15年４月）の1月末までの漁獲量は７３６キロで過去５年間の同じ期間では最多。近年激減しているシラスウナギは日本に戻りつつあるのか、関係者は今後の漁を注視している。

関係者によると、鹿児島県も好漁だが、いまひとつという県もあり、資源回復の兆しというのは早計のようだ。

取引相場は落ち着いていて、１キロ（約５千匹）当たり２５０万円前後ともいわれた13年漁期のようなことはなく、今期80万円で始まった静岡県内の相場は1月末には60万円に、鹿児島県の「公定価格」は漁解禁時の93万円が73万円に

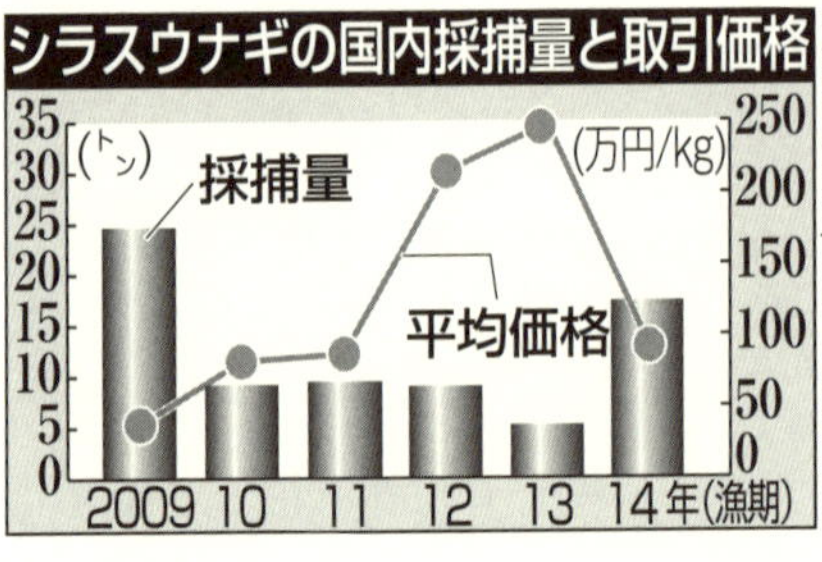

シラスウナギの国内採捕量と取引価格

漁期は前年12月～当年４月

※水産庁資料

川を遡上（そじょう）するシラスウナギをすくう採捕者＝2014年12月、浜松市の天竜川河口

引き下げられた。

静岡県内の漁獲量は、県が漁業許可を出した県内18のシラスウナギ採捕団体からの報告を集計した。県西部の水揚げが多い。

今期は例年漁獲が非常に少ない12月から一定量の漁獲があり、1月下旬だけで全県で約３００キロが捕れた。小規模の養鰻業者の中には、すでに今期の稚魚の仕入れを終えた業者もあるという。

今期から、資源保護のため養殖池に入れる稚魚の総量（池入れ量）に上限が設定されたため、好調が続けば漁期の途中でも漁が終了となる可能性もある。

静岡県水産資源課は「今後の漁の見通しは不透明。少なくとも3年間は通期のウナギの養殖種苗はすべて天然の稚魚（シラスウナギ）を使う。漁獲が激減して絶滅危惧種に指定されたニホンウナギの持続的利用のため、水産庁は2015年漁期から▽養殖するウナギの数量管理▽養殖量に見合った稚魚の採捕▽産卵に向かう親ウナギの漁獲抑制―を三位一体で推進することとし、14年10月、①漁期短縮などの検討②池入れ量に見合った採捕量の上限設定③採捕量と出荷先ごとの出荷数量の報告と正規ルートでの出荷―について対策を講じるよう、シラスウナギ漁が行われている24都府県に通知した。

漁獲量が増えないと、資源が回復してきたとは言い難い」と慎重な見方を示す。

シラスウナギの漁獲が減った原因を専門家は▽海洋環境の変動▽成育環境の悪化▽乱獲―と指摘するが、特定はされていない。

（2015年2月17日・静岡新聞）

稚魚の行方　1

「豊漁」の限界―高値求め闇ルートへも

木箱に入ったニホンウナギの稚魚「シラスウナギ」が2月12日朝、浜松市の集荷場に続々と集まった。2月上旬の漁獲は思わしくなかったが、漁師たちの表情は暗くない。「12月からかなり捕れている。こんな年は20年ぶりぐらいか」。採捕歴30年の鈴木勉さん（65）は、近年にない豊漁ぶりに驚く。

養殖量の規制が導入された２０１５年漁期（14年12月～15年4月）、稚魚の県内取引価格は1キロ80万円で始まった。漁は序盤から好調。値を下げれば正規よりも割高な「闇取引」に流れる懸念もあったが、1月末には全域で60万円に落ちた。

正規価格の高い時期に漁獲が上がった国内とは対照的に、海外は不漁。闇ルートのうわ

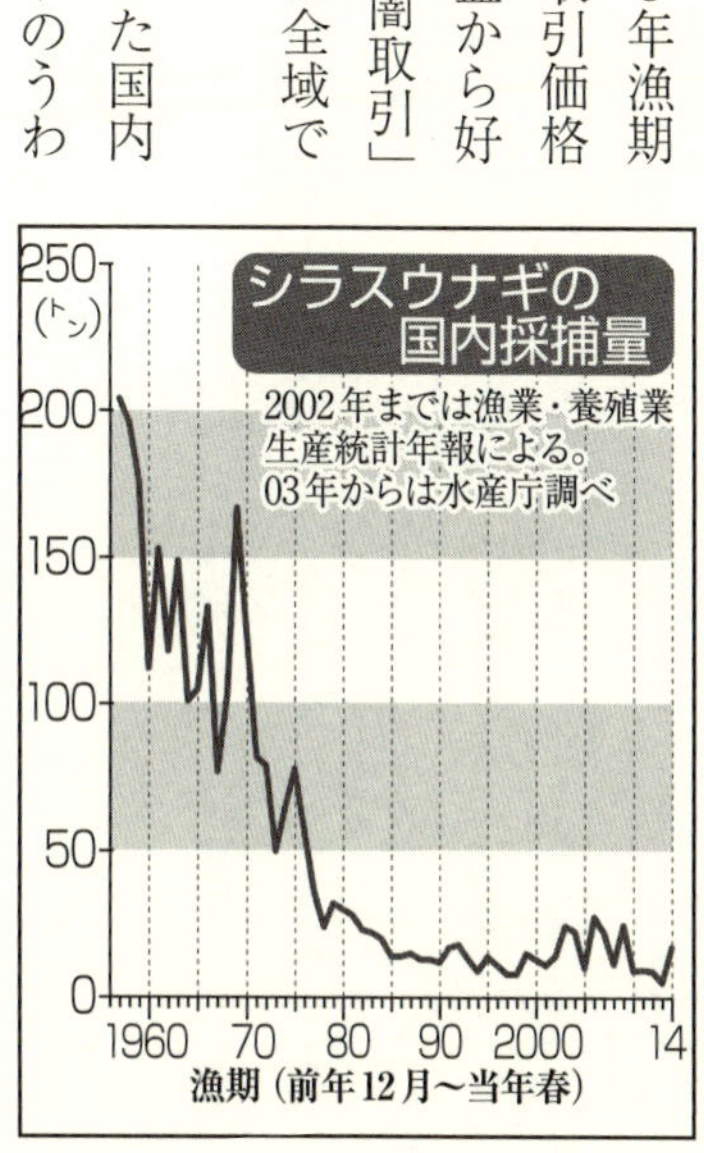

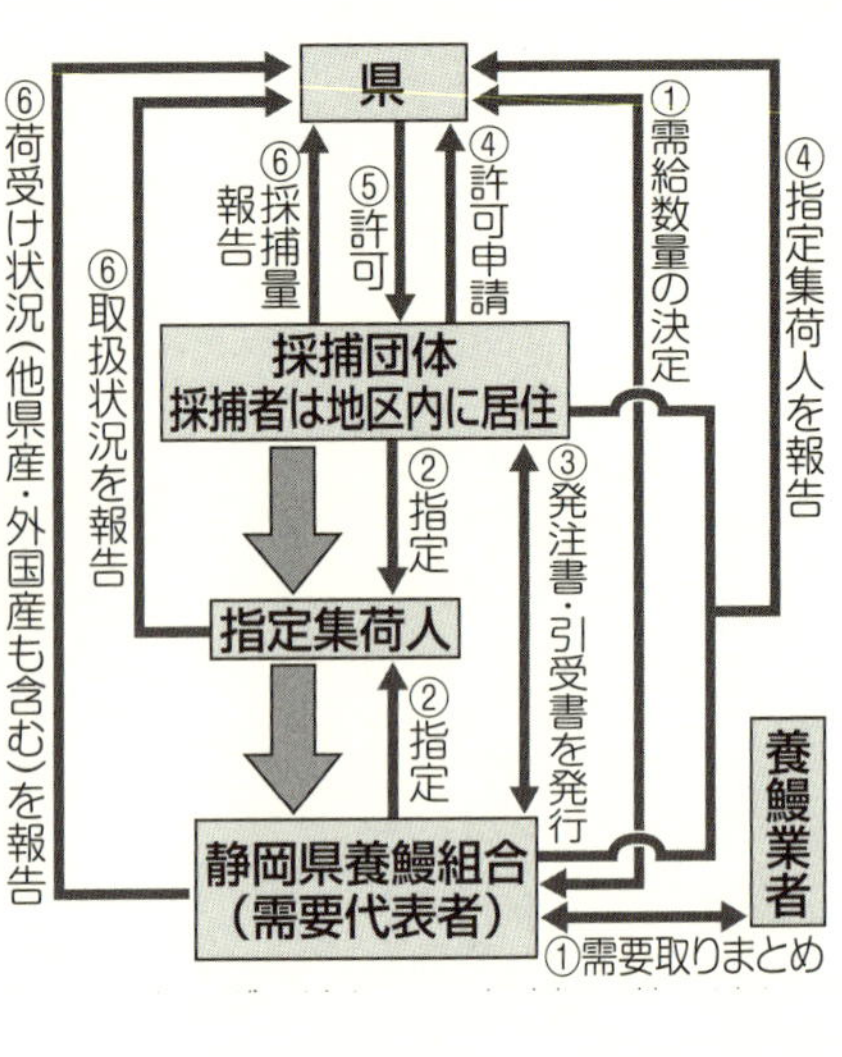

シラスウナギ採捕の仕組み（静岡県）

さも後を絶たない。「今年は金になる」。70代の漁師が思わせぶりな笑みを浮かべた。

「豊漁」の声は、各地の漁場で聞かれる。静岡県の漁獲量は1月末で736キロに達し、5年ぶりに千キロを超えた昨期に早くも迫る勢いだ。養鰻生産量が日本一の鹿児島県も、前年同期比1・6倍の533キロ。漁獲上限が500キロの宮崎県では、例年より速いペースで300キロを超えた。

だが、ほぼ毎年100トン以上捕れていた1960年代に比べれば、この「回復」も微々たるものにすぎない。宮崎県の60代の採捕者は「40年前は稚魚が群をなし、一晩で1キロ捕る人も珍しくなかった」。鹿児島県しらすうなぎ組合連合会の久保武士会長（83）も「昔は1シーズンの漁で家を建てた人もいた」と振り返る。

経済成長とともに爆発的に増えたウナギ消費は乱獲を引き起こし、生息域を破壊する河川の護岸工事がウナギの減少に追い打ちをかけた。稚魚の国内漁獲高は、13年漁期に過去最低の5・2トン。平均価格は、1キロ約250万円まで急騰した。

シラスウナギの漁獲減

原因として▽海洋環境の変動▽生育環境の悪化▽乱獲―が指摘されるが、特定されていない。シラスウナギ不足はかつてもあり、昭和初期には上海で採捕したシラスウナギを船で長崎まで運搬し、長崎から浜名湖地方に鉄道で運んだ。戦後、消費が拡大した1960年代、台湾、韓国、中国から輸入されるようになり、ヨーロッパウナギ稚魚の調達も試みられた。浜名湖地域の業者はシラスウナギを求めて北関東、四国、南九州へと買い付けに出向いた。

今期は国際合意により養殖池に入れる稚魚の量が2割削減された。ただ、需要が2割減るわけではない。資源保護を主導する国や県ですら、稚魚の流通や漁獲量を正確に把握できていないのが現状だ。静岡県の漁師は「正規の値段が安くなれば、高いところへ売るだけ」と暗に闇ルートの存在を明かす。

稚魚が少なくなったのは、シラスウナギの資源の減少だけではない。シラスウナギの一部は、確実にどこかへ消えている。

◇

絶滅危惧種に指定されるなどニホンウナギの資源管理が緊急課題になった。養殖業も食文化も、すべて天然のシラスウナギから始まる。シラスウナギの「今」を追う。

（2015年2月20日・静岡新聞）

シラスウナギが入った木箱を車に積む正規の集荷人＝2月12日、浜松市内

稚魚の行方 2

「裏」から調達―漁獲と池入れ数量に差

「シラスウナギの流通には表と裏がある」。宮崎県内で長年シラスウナギ漁を続ける60代男性は、河口近くの岸壁に腰を下ろし声を潜めた。

国内では養鰻業や資源保護のため、都府県が独自のシラスウナギの流通ルールを策定。宮崎では養鰻業者で組織する県シラスウナギ協議会が全量集荷し、入札を経て県内のみに流通させる。2014年度の協議会取扱量は496キロだったが、「少なくとも3倍は捕れている」と男性はみる。

鹿児島、静岡県の漁関係者も裏流通の存在を指摘、それは「闇」と呼ばれている。漁師とつながる各地のブローカーが個々に連絡を取り、相場より高く買い付ける闇のシラスウナギ。その買値は正規ルートの倍近くになることも。一部の漁師は表と闇を使い分け、地域によっては同じ集荷人が表と闇双方に関わることもあるという。宮崎の別の60代男性は「生活がある以上、皆高く売りたいのが本音」と打ち明ける。

「安くても、量がなければ意味はない」。宮崎県の60代の養鰻業者はシラスウナギ売

宮崎県シラスウナギ協議会

県内38の養殖業者で組織。シラスウナギの特別採捕の許可は知事が漁業者に与えるが、協議会への全量出荷などが条件となっている。協議会が委託した集荷人が集めたシラスウナギは会員養殖業者の入札によって先物取引される。落札業者が偏らないよう、入札できる量を制限するなどのルールがある。

買の常識を説く。ウナギは成長に合わせた細かな水温管理が求められ、加温など生産コスト、手間を考えると、値が張っても一度で大量に池入れできる方が結果的に割安となる。しかし同協議会では、資源管理や零細業者保護のため各業者の入札量を養殖規模の1割程度に制限。採捕者と養鰻業者とで話し合う公定価格を採用する鹿児島県などでも、購入できる順番が決められており大量に仕入れることはできない。

業者は不足分を、輸入物や県外出荷が許されている地域から問屋を通じて購入するが、そこに闇のシラスウナギが紛れていても判別できない。静岡県のある業者は「分からなくても必要なら買う」。

水産庁が都府県の報告を基にまとめた昨季のシラスウナギ漁獲量は8・1トン。これに対し、業者の池入れ量から輸入量を引いた国産流通量は17・3トン。半分以上が〝闇〟経由の可能性がある。

ウナギ生態に詳しい中央大学・海部健三助教は「ウナギは漁獲量、漁法、漁期など、いずれも資源評価に必要なデータがあやふや」と問題提起。「適切な漁獲量も分からぬまま闇を横行させれば資源を食いつぶしかねず、いつか業界に跳ね返ってくる」と警鐘を鳴らす。

（2015年2月21日・宮崎日日新聞）

稚魚の行方 3

透明化へ条例―仕入れ調査に県境の壁

シラスウナギ採捕シーズンが終わった毎年6月、宮崎県庁の水産政策課には県内すべての養殖業者や問屋から、シラスウナギの仕入れ量や取引先を記した帳簿が届く。不正な流通がなかったか、チェックに当たる担当者は「仕入れ先が県外の場合、限界がある」と漏らす。

宮崎県は、暴力団が頻繁に介在していたシラスウナギの流通の透明化を図ろうと1995年、「うなぎ稚魚の取扱いに関する条例」を制定。密漁か否かを問わず登録業者以外がシラスウナギを所持しただけで罰するほか、業者に帳簿作成も義務付ける全国唯一の条例だ。

裏を返せば、突き合わせることができる帳簿が県外の関係先にはなく、例え偽装などの疑いが濃厚でも調査の権限すらない。「業者が実在するかどうかさえ確かめられないこともある」。同課の田原健漁業・資源管理室長はシラスウナギをめぐる自治体対応の違い、県境の壁にもどかしさを感じてきた。

国は貴重な資源であるニホンウナギの管理体制構築も念頭に2014年6月、内水面漁業振興法を制定した。養鰻業を近く許可制に移行することで管理下に置き、実績報告書の作成を義務化。農林水産省に立入調査の権限も与えた。流通を取り締まるものではないが、宮崎県の田原室長は「取引記録の報告が義務付けられれば流通透明化の一歩になる」と期待する。

宮崎県内の養殖業者らから提出された帳簿のファイル。シラスウナギの取引の時期や量、相手などが記録されている＝宮崎県庁水産政策課

内水面漁業振興法

内水面漁業の発展や環境保全を目的に制定。これまで制約がなかった内水面養殖は、国が定める養殖業については国の許可や届出が必要となった。ウナギ養殖業はひとまず2014年11月に届出制が導入され、水産庁は15年度中の許可制移行を目指している。許可制になった場合、違反すれば3年以下の懲役か200万円以下の罰金が課せられる。

鹿児島県では県指定集荷人の一部が、公定価格より高く卸す不正が指摘される。透明化へ向け調査する同県水産振興課の織田康平資源管理監は「流通は複雑。闇の線引きは簡単ではない」と悩む。しかし、法律や条令による規制強化には慎重だ。「規制で裏の流通がさらに地下深くに潜れば、実態把握がより困難になり、資源管理にも影響する」と懸念する。

静岡県水産資源課の嶌本淳司課長は「静岡は県産稚魚の県外出荷を禁じているが、養鰻業のない県が外に出すのは違反ではない。同じルールで一律に管理することは難しいのではないか」。

宮崎県内のある養鰻関係者は「価格安定のためにも、透明化させてほしい思いはある」とこぼす。しかし実現は不可能とみる。「取引伝票や通帳など関係書類すべてをチェックしなければ、いくらでも抜け道はある。だが県や国に、たかが1魚種のためにそこまでやる覚悟があるとは思えない。闇はなくならない」

（2015年2月22日・宮崎日日新聞）

不安定な漁獲―必要量確保は輸入頼み

２０１４年12月16日に始まった鹿児島県のシラスウナギ（ウナギの稚魚）漁は好漁でスタートした。15年1月末までの漁獲量は５３３キロと、前年同時期の1・6倍。

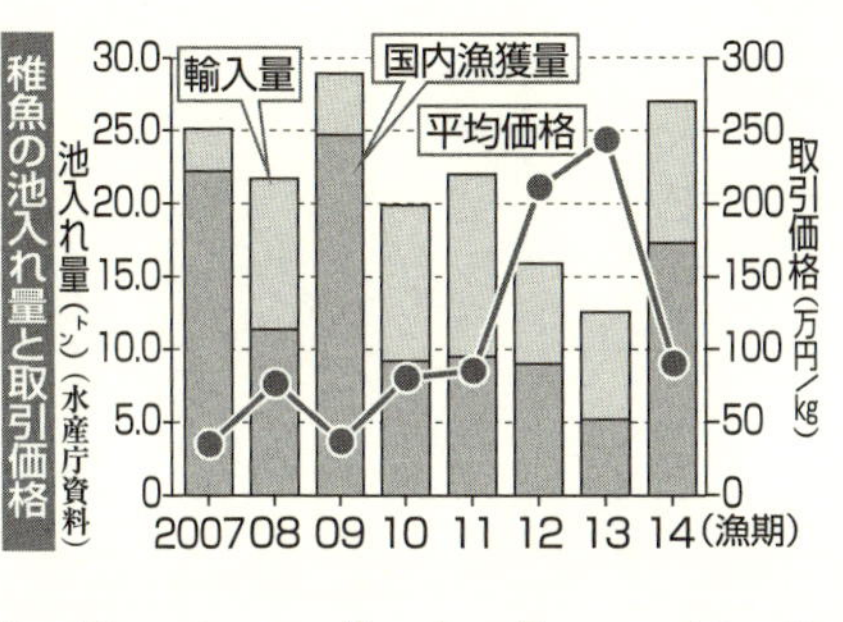

2月にペースダウンしたが、持ち直せば、漁期終了の3月15日には6年ぶりに1トンの大台を超える可能性がある。

だが、国内最大の養鰻生産地・鹿児島県の今年の池入れ量は、前年より約2割減らされたとはいえ上限量が7・6トン。15年漁期での漁獲量が1トンを超えたとしても、7分の1にしかならない。

鹿児島県養鰻管理協議会の楠田茂男会長は「県内産だけではとてもやっていけない。今年は国内が捕れているので、他県から仕入れてやりくりをしている」と今年の状況を語る。鹿児島の業者が従来頼りにしてきたのは、中国、台湾

原産国

ニホンウナギは太平洋のマリアナ諸島沖で孵化（ふか）した後、黒潮に運ばれ半年ほどかけて東アジアの沿岸にやって来る。シラスウナギは人間に採捕された瞬間、「養殖種苗」になるのである。日本農林規格（ＪＡＳ）は原産地を「育成期間が最も長かった場所」としている。外国で採捕されたシラスウナギも、出荷まで大半の期間を国内の養殖池で育てるため「国産」となる。

などの外国産だ。産地はどこも同じ状況で、水産庁のまとめによると、この10年間で稚魚が最も不漁だった12年冬から13年春の漁期は6割近くを外国産が占めた。

ウナギの減少を受け、九州の養鰻業者らでつくる全国養鰻漁業協同組合連合会は14年11月、中国江蘇省のウナギ業者の協会と稚魚の取引契約を結んだ。輸入を透明化することで流通ルートが把握でき、稚魚の保護や安定した種苗調達にもつながるという狙いだ。

ところが、伝わってくる今年の漁の状況が思わしくない。江蘇省の漁は今月から本格化した。しかし、稚魚はまだちらほらとしか見えず、まとまった数が日本に入ってくるかは不透明だ。

浜名湖地域（浜松市、湖西市）でも、今季の輸入量は少ない。浜名湖養魚漁業協同組合の内山光治組合長は「国内産だけで池入れ上限に達するかどうかは分からない」と話す。

「潮の流れが漁のよしあしに影響している。今年はたまたま潮の流れが日本寄りだった」。国内の好漁を多くの採捕者や養鰻業者がこう推測する。国内の好漁は、資源量が回復したという根拠にならないのが現状だ。

この状況が続いて、ニホンウナギがワシントン条約の対象に指定されると、稚魚の貿易が規制される。その先に見えてくるのは、規模を縮小し国内産だけに絞った養鰻の形態だ。急激な変更についていけるのか。不安を抱える業者は多い。

（２０１５年2月23日・南日本新聞）

採捕組合のもとへ集められるシラスウナギ。鹿児島県内産の割合は、池入れ量のほんのわずかにすぎない＝2月12日、鹿児島県肝属郡錦江町の神川地区公民館

稚魚の行方 5

規制下の生業―減収不安 くすぶる不満

寒風吹きすさぶ2月19日夜の天竜川河口（浜松市）。午後7時、シラスウナギをすくう漁師も既にまばらだ。帰り支度を始めた男性（57）は「今日はだめ。1時間で50匹ぐらい」とため息をつき、つぶやいた。「今年はいつまで捕り続けられるのか…」

稚魚が激減したニホンウナギの保護のため、2015年漁期は養殖量の制限が初めて導入された。国内の養殖池に入れる稚魚は前年比で2割削減。「資源を守るため協力する」「制限の根拠が分からない」。賛否は分かれる。

影響は養鰻業界だけにとどまらず、シラスウナギの漁師にも及ぶ。静岡、鹿児島、宮崎の各県には、養鰻組合や関連組織を通じて県内にしか稚魚を出荷できない規則がある。地元の池が上限量に達した時点で、自動的に漁も打ち切られる。浜松市天竜川採捕組合の戸塚博組合長（66）は「出荷規則に加え、池入れの上限設定で捕る量も規制された。漁師はだれも守ってくれない弱い立場だ」と嘆く。

今期、静岡県全体の池入れ上限は2・3トンに決められた。全国平均より大きい約

3割削減。ここから組合に属さない養鰻業者への割当量を除くと、漁師が出荷できる稚魚は最大で1・7トンになる。1月末までに736キロが出荷されているため、残された数量は既に1トンを切っている。県外や海外から仕入れた池入れ量を加えれば、この数字はさらに減る。

約100人の漁師がいる天竜川の採捕組合には、シラスウナギで生計を立てている〝本業〟も多い。池入れ上限による漁の打ち切りは収入減に直結するだけに、ある漁師は県外出荷を禁止する流通システムに不満を抱く。「規制を強めるだけでは、闇取引に流す人が増えても無理はない」

一方、県水産資源課の嶌本淳司課長は「シラスウナギは採捕を特別に許可している魚種。自由に売っていいとはならない」とくぎを刺す。

国際自然保護連合（IUCN）の絶滅危惧種指定に前後し、矢継ぎ早に資源管理策が打ち出された。長年にわたって減り続けた稚魚

集荷され、池入れを待つシラスウナギ＝2月12日、浜松市の浜名湖養魚漁業協同組合

の資源回復は一朝一夕にはいかず、池入れ量は今後数年にわたって制限されるとみられる。他方、目の前の生活を守る養鰻業者や漁師もいる。資源減少と保護策のはざまに、シラスウナギを捕り、養殖する生業がある。

（2015年2月24日・静岡新聞）

ウナギ資源管理をめぐる動き

2010年漁期	▶シラスウナギ国内採捕量9.2トン。以後、13年漁期まで10トン割る
12年9月	▶ニホンウナギ資源保護・管理で日本、中国、台湾が協議開始
13年2月	▶環境省がニホンウナギを絶滅危惧種に指定
13年9月	▶韓国、フィリピンが協議に参加
14年6月	▶国際自然保護連合（IUCN）がニホンウナギを絶滅危惧種に指定
9月	▶日中台韓が15年漁期のニホンウナギ池入れ量20%削減で合意
10月	▶全日本持続的養鰻機構を設立
	▶日鰻連と全鰻連が再統合方針
11月	▶ウナギ養殖業が届け出制に（池入れ量を配分、報告を義務付け）
16年	▶ワシントン条約締約国会議（予定）

稚魚の行方　番外編

宮崎・密漁監視20年―漁獲減、公的採捕疑問も

宮崎県内水面振興センターは、ウナギ稚魚（シラスウナギ）の密漁を監視するだけでなく、県内養殖業者に稚魚を安定供給するため自ら漁もする。「河川の秩序維持」との観点から自治体が出資した採捕組織は、全国で例がない。

今季で設立20年、暴力団の密漁を抑えるなど地元漁師も認める成果を挙げる一方、県内の漁獲が減少するなど状況は一変しており、「役割は終わったのでは」との声も聞かれる。

設立は、密漁者が条件のいい河口付近をわが物顔で占拠していた1994年。禁止されている袋網（地獄網）が至る所に仕掛けられていたという。設立に関わった県庁OBは「1カ所で50～60の網を没収したこともある」と振り返る。

県によると当時、密漁で揚がる量は正規の漁の倍以上。

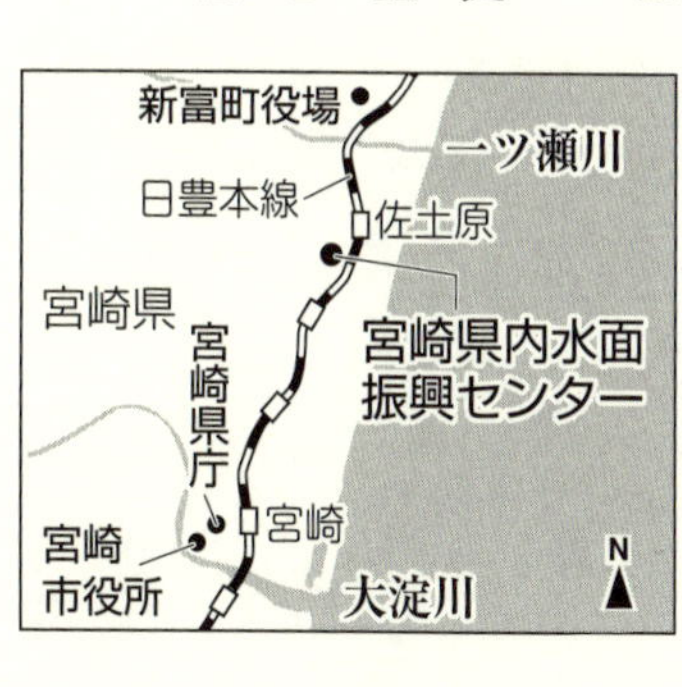

背後には暴力団の存在が見え隠れし、古参漁師の一人は「川によっては場所代の強要もあった」と明かす。密漁シラスウナギは養殖が拡大していた海外に流れ、地元養鰻業者の稚魚調達を難しくしていた。

そこで県は密漁が多かった大淀川（宮崎市）と一ツ瀬川（同市、新富町）の河口付近をセンターの漁場と定めて密漁者を閉め出し、監視業務も委託した。当初は県職員に対する脅迫電話や漁船への投石などもあったという。

20年が過ぎた。大淀川で漁をする60代男性は「昔は必ずいた密漁船を全く見なくなった」。別の河川の60代男性も「暴力団が何か言ってくることはなくなった」と変化を実感する。

一方、世界的に漁獲量が激減する中、センターの漁に否定的な見方も根強い。県は養鰻業者にシラスウナギを安定供給するため、一般に禁じている袋網の利用をセンターに許可。漁獲減で網の数こそ調整しているが、70代漁師は「漁期短縮など資源保護を呼び掛けておいて、センターが大量に捕れる網を使うのは疑問」と言う。

漁期は、センター分も含めた漁獲が一定量に達した時点で終了する仕組みで、センターは例年、全体の３割程度を捕る。別の漁師は「センターが捕れば捕るほど、量に届かせないよう闇に流す漁師も出てくるだろう」。

こうした指摘に県水産政策課は「今も闇流通がなくならない中、県内養鰻業者のため、透明性の高いセンターが確実に県産稚魚を供給する意義は大きい」と主張。見直しには流通の透明性確保が前提との見方を示す。

県内には闇流通に一切手を染めていない川もある。そうした内水面漁協の幹部の一人は「センターの在り方を問う前に、まずは漁業者が信頼されなければ」と指摘する。「センターに頼らないで川を管理できることを示すためにも、漁協が連携し、漁業者が主体となった流通透明化や密漁監視に取り組むべきだ」と訴える。

(2015年3月5日・宮崎日日新聞)

出港準備をする宮崎県内水面振興センターの船＝2月13日夜、宮崎県新富町下富田の一ツ瀬川河口

養鰻新時代
4県養鰻100業者アンケート

養殖量管理―賛否半々

稚魚の不漁が続き、ニホンウナギの資源管理が強化される中、養殖ウナギ主産県の地元紙である静岡新聞、南日本新聞（鹿児島県）、宮崎日日新聞（宮崎県）が愛知を含む4県で養鰻100業者を対象に合同アンケートを実施したところ、2015年の稚魚漁期（14年冬〜15年春）に導入された養殖池に入れる稚魚（シラスウナギ）量の上限設定に対する賛否は、ほぼ半々に割れた。

稚魚の激減で将来に不安を抱く一方、経営を直撃する養殖制限への抵抗感も根強く、業者の苦悩が浮き彫りになった。

賛否の内訳は「どちらかといえば」を含む「賛成」が50、同じく「反対」が46、「どちらでもない」が4。静岡、鹿児島、宮崎ではいずれも賛成が過半数を上回ったが、短期間に多くの稚魚を必要とする単年養殖が盛んな愛知では76％が反対した。

賛成の理由（三つまで回答）は、16年の締約国会議が焦点となるワシントン条約に

稚魚の池入れ量削減

ウナギの養殖に使われる種苗はすべて、沿岸で採捕される天然の稚魚（シラスウナギ）。海外からの種苗輸入も少なくない。近年、稚魚の漁獲が激減したため、日本はニホンウナギの稚魚が捕れる中国、韓国、台湾と資源管理について協議し、2015年漁期に養殖池に入れる稚魚の数量を前期の2割減とすることで合意した。これに沿って、国内の養鰻業者に池入れ量が割り当てられた。

稚魚池入れ量制限の賛否

反対 22
どちらかといえば反対 24
どちらでもない 4
どちらかといえば賛成 26
賛成 24

※回答業者数は静岡29、愛知26、鹿児島26、宮崎19

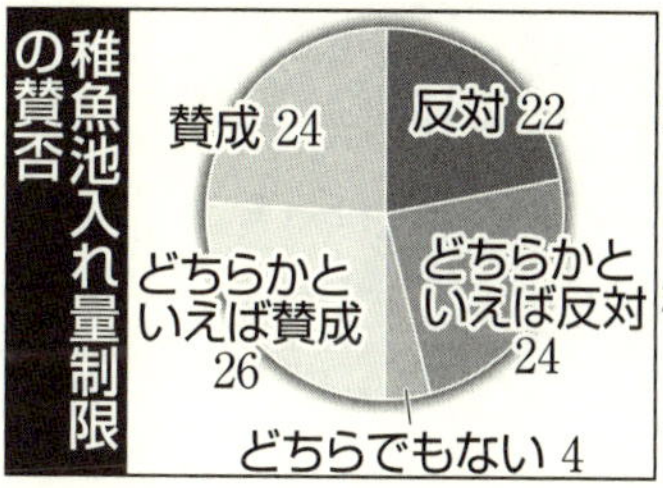

よる「国際取引規制を回避するため」（回答数37）が最多。「稚魚が減れば養鰻業が衰退する」（同35）が続くなど、シラスウナギ漁獲の先行きを懸念する声が目立った。

反対意見は「池入れ量が減り、経営に響く」と答えた業者が38に上り、次いで「河川環境の改善など、ほかにやるべきことがある」が多かった。

国産養殖ウナギはこの4県で9割以上を生産する。アンケートは2月中旬～3月中旬に行い、静岡29、愛知26、鹿児島26、宮崎19の各業者から回答を得た。

◇…………◇

貿易制限「反対」6割

3紙が主産4県の養鰻100業者に行ったアンケートで、ニホンウナギが動植物保護のため国際取引を禁止または制限するワシントン条約の対象にされることについて「反対」が60業者だった。「どちらでもない」の22業者、「賛成」の18業者を大きく上回っ

ワシントン条約

加工品を含めて国際取引を制限することで絶滅の恐れがある野生動植物を保護しようと、米国政府と国際自然保護連合（ＩＵＣＮ）が主導し1975年発効。協議にはＩＵＣＮのレッドリストなどが使われる。ニホンウナギは2014年にＩＵＣＮレッドリストに記載された。次回会議は16年に開催予定。国際取引規制には絶滅リスクにより「商業目的の国際取引禁止」「輸出の際に輸出国の許可書が必要」がある。

た。

稚魚「奪い合い」懸念も

ただ、大規模経営で種苗（稚魚）の輸入依存度が高い九州２県や愛知県ではそれぞれ６～７割が反対した一方、地元の稚魚を多く入れる静岡県では反対が34％と、輸入規制に対する危機感で地域差がみられた。ワシントン条約で規制されたくない理由として「経営が成り立たなくなり、業界が衰退する」（鹿児島県）、「国内だけでは稚魚が確保できず、奪い合いになる」（宮崎県）などの回答があった。

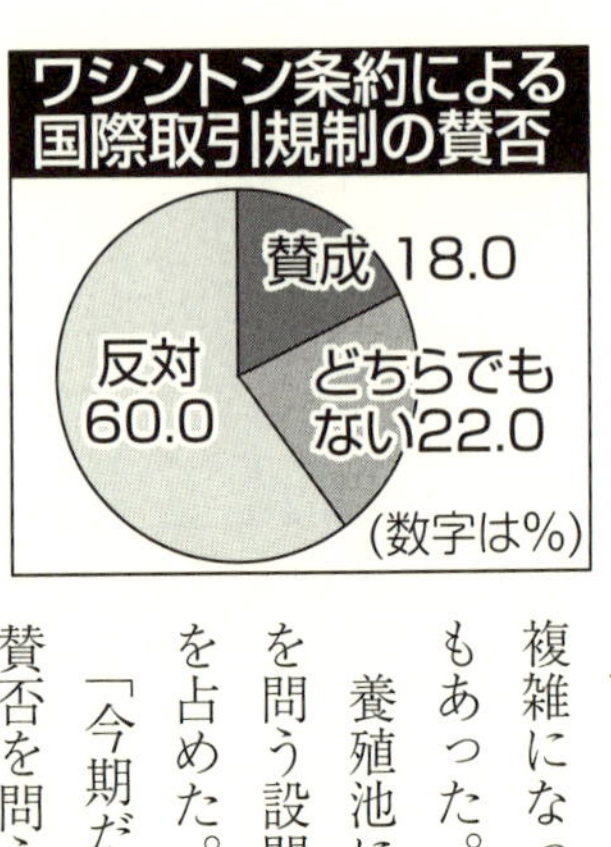

「どちらでもない」とした業者の中には、海外がからんで複雑になっていた取引の透明度が上がることに期待する意見もあった。

養殖池に入れる稚魚（シラスウナギ）量の上限規制の期間を問う設問では「今期だけ」を妥当と考える業者が最多の27を占めた。

「今期だけ」とした業者の９割以上は、稚魚の上限規制の賛否を問う最初の設問でも「反対」「どちらかといえば反対」

と答えた。「これ以上、規制されては経営できない」（宮崎県）、「資源保護に効果があるか疑問」（愛知県）と、規制への強い抵抗感がうかがわれる。

養殖法も転換点

稚魚池入れ量削減への対応についての質問（問4、複数回答可）で、最も多かったのが「従来より大きくウナギを育てる」（54業者）。一方、「高品質、高価格のウナギを育てる」（32業者）という回答も目立ち、本格的な資源管理時代を迎え、量と質の両面から養殖の在り方を見直そうという意向がうかがえる。

ただ、大きく育てようとすれば餌代などコストもかかる。また、大きくしすぎると料理店などが扱いにくくなり、1キロ当たりの価格が下がる傾向がある。「上手に大きく育てる」養殖技術の方向転換だけでなく、その価値を認める流通や消費の在り方も問われそうだ。

妥当と思う池入れ量削減規制の実施期間

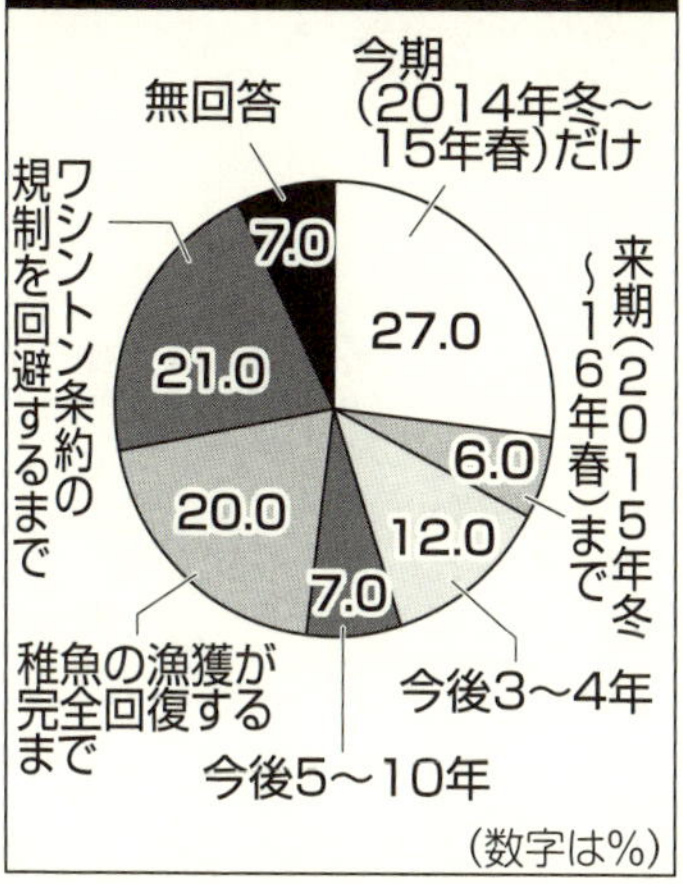

〈記者の目〉資源回復、官民一体で

養殖量の制限に、半数の業者が「賛成」したのは少し意外だ。取材現場で耳にするのは、「本当に稚魚の漁獲増につながるだろうか」と不審がる声が多いからだ。賛成した業者の多くも、これで確実に資源が回復するとは思っていないのではないか。

養殖種苗の稚魚が減り続ければ、いずれ業界は立ちゆかなくなる。絶滅の危機にひんしたとされる今、消費大国の日本が何もしないわけにはいかない—。半数の賛成は、そんな危機意識の表れとも言える。効果はともかく資源保護にようやく本腰を入れ始めた国の姿勢に一定の理解を示す業者も少なくない。

「経営に響く」などと規制に反対した業者も、資源回復の根拠があれば多くが納得するはずだ。そのためには、官民で稚魚の闇取引や密漁防止に全力を挙げ、漁獲量の実態を正確につかむことも必要ではないか。せっかく踏み出した資源保護への一歩を、単にワシントン条約の国際取引規制を回避するための〝付け焼き刃〟にしてはならない。

静岡新聞湖西支局・金野真仁

主な質問と回答（数字は％）

■問1　稚魚池入れ量に上限が設定されたことをどう思いますか。

①反対　22・0
②どちらかといえば反対　24・0
③賛成　24・0
④どちらかといえば賛成　26・0
⑤どちらでもない 4・0

■問2　問1で①、②と答えた方に理由をおたずねします。（三つまで）

①池入れ量が減り、経営に響く　33・9
②削減量の根拠が分からない　8・0
③天然漁などの規制がなく、不公平　6・3
④資源保護につながるか疑問　14・3
⑤河川環境の改善など他にやるべき事がある　17・9
⑥現場の声を聴いていない　16・1
⑦その他　3・6

■問3　問1で③、④と答えた方に理由をおたずねします。（三つまで）

①稚魚が減れば将来的に養鰻業が衰退する　28・9
②上限数量でも経営に影響ない　4・1
③国が決めたことだから　4・1
④ワシントン条約の国際取引規制を回避するため　30・6
⑤稚魚が捕れないから、池入れ上限に達するとは思わない　1・7
⑥日中台韓が足並みをそろえる必要がある　24・8
⑦その他　5・8

■問4　池入れ量削減への対応策はありますか。（複数回答可）

①稚魚を安い時期に買う　8・6
②省エネ　10・1
③餌を安く仕入れる　1・5
④高品質、高価格のウナギを育てる　16・2
⑤経営の効率化（縮小、リストラ含む）　16・7
⑥6次産業化（養殖、加工、流通）　6・6
⑦従来より大きくウナギを育てる　27・3

⑧特にない　8・6
⑨その他　4・5

■問5　池入れ量削減は、いつまで続けるのが妥当と思いますか。

①今期（2014年冬〜15年春）だけ　27・0
②来期（2015年冬〜16年春）まで　6・0
③今後3〜4年　12・0
④今後5〜10年　7・0
⑤稚魚の漁獲が完全回復するまで　20・0
⑥ワシントン条約の規制を回避するまで　21・0
無回答　7・0

■問6　ワシントン条約によるニホンウナギの国際取引規制の賛否は。

①賛成　18・0
②反対　60・0
③どちらでもない　22・0

■問7　国や県など公的機関に望むことは何ですか。（三つまで）

①天然ウナギの漁獲規制　19・1
②河川環境の改善　16・9
③稚魚の保護（漁期短縮など）　3・4
④密漁の取り締まり　12・0
⑤闇取引の規制　14・6
⑥稚魚の完全養殖の研究、実現　13・9
⑦ワシントン条約による国際取引規制の回避　17・2
⑧その他　2・2
無回答　0・7

※アンケート回収業者数は、静岡29、愛知26、宮崎19、鹿児島26
（2015年3月26日）

養鰻新時代　1

一転、稚魚不足―池入れ上限にも届かず

ポンプで吸い上げられたウナギの幼魚が、パイプから次々と養殖池に送り込まれる。浜松市西区の養殖業「マルキ」で3月20日、稚魚用の池から出荷サイズのウナギを育てる池に移す〝住み替え〟の作業が行われていた。1月に池入れした稚魚（シラスウナギ）は10センチほどに成長し、浅田朋示社長（68）は「無事に育ってほしい」と目を細めた。

稚魚の池が空けば、新たな稚魚をすぐに入れたいところ。しかし、最近は不漁で思うように手に入らない。国が定めた稚魚の池入れ上限量にも「まだ3割足りない」と浅田社長。稚魚漁期は残り1カ月。「次の仕入れはいつになるか…。このまま終わるかもしれん」とため息をつく。

2015年のシラスウナギ漁期（14年冬〜15年春）は序盤の豊漁から一転、2月には漁獲が急激に落ち込んだ。月末に報告された静岡県の池入れ量は1・16トン。上限量（2・34トン）の半分にも届いていない。鹿児島県では上限7・6トンに対して5・

7トン（75％）、宮崎でも3・5トンに対して2・6トン（74％）。上限に達した業者の合計数は、わずか3割の42業者だ。

資源保護を目的に、日中韓台の4カ国・地域が合意した稚魚池入れ量の「2割削減」。14年11月には、各業者に上限量が割り当てられた。3紙が養鰻主産4県（鹿児島、愛知、宮崎、静岡）で行ったアンケートでは、この規制に対して半数の業者が「反対」。主な理由は「量が減り、経営に響く」だった。ところが、ふたを開けてみれば各地で「上限にも届かない」との声が相次ぐ。3月中旬で「まだ半分」という浜松市の養殖業者（55）は、「稚魚の減少が深刻で、規制が追いついていない」と危機感を募らせる。

池入れ規制は16年漁期も続く見込みだ。3月18日の「全日本持続的養鰻機構」の臨

ウナギ幼魚の池替え作業。稚魚の追加仕入れの見通しは立たない＝20日、浜松市西区の「マルキ」

時総会で、水産庁は他国の反発がないことを前提に「来期も（今期と）同じ上限量でいきたい」と方針を表明した。

だが、漁獲が上限を下回るのでは、規制は意味をなさない。

「そもそも稚魚の量も把握できない国に規制は無理」と冷ややかに見る静岡県の60代の養殖業者は、自戒を込めて言う。「われわれが自然の状況に応じて変わらなくては、この業界に未来はない」

稚魚の漁獲が激減したニホンウナギは、絶滅危惧種指定に前後して資源管理が強化された。養殖業は14年に届け出制が導入されたが、15年には許可制になる見通しだ。第3章は激流の中、新時代を迎えた養鰻業界に焦点を当てる。

（2015年3月27日・静岡新聞）

養鰻新時代　2

大きく育てる—発想転換　新需要を喚起

国内最大級のウナギ加工場で、長さ30センチ、身の厚み2センチはある巨大なかば焼きが異彩を放つ。重さは標準の倍以上の300グラム超。ウナギの養殖、流通、加工販売を手掛ける大森淡水（宮崎市）は2014年7月、カットするなどして販売していた大きなかば焼きを「超特大」と銘打ち、丸ごと一本で売り出した。

「稚魚（シラスウナギ）の供給は減る一方。一匹一匹を大きく育て量を確保しなければ、消費も資源も守れない」。大森伸昭社長（40）は思いを語る。

資源保護を目的に、稚魚の池入れが前期より2割削減された今期。出荷量や売り上げまで減らすまいと、多くの養殖業者がサイズアップを目指す。静岡新聞など3紙が100業者を対象に行ったアンケートでも、池入れ制限を乗り切るため54業者が「従来より大きく育てる」と答えた。

不安もある。従来より大きくすれば、養殖期間は1～2カ月延び餌代などがかさむ。一方、池揚げされたウナギのキロ単価は、「200グラム5匹」が最も高く、「250

グラム4匹」など1匹のサイズが大きくなるにつれ数百円ずつ安くなる。宮崎県内の60代養殖業者は「大きくすると、採算が合わないこともある」。

200グラムのウナギが高いのは、骨や内臓を取り除きかば焼きにした際、120グラム前後となり、重箱への収まりがよく、大消費地で重宝されてきたからだ。静岡県のうなぎ専門店店主（74）は「頭と尾の付いた1匹を使うのがうな重。大きな1匹を2人前に分けるのは好まれない」。東京都内の卸業者は「大きいと身が厚い分、（同じ120グラムを載せた場合）白飯を覆いきれない」と明かす。

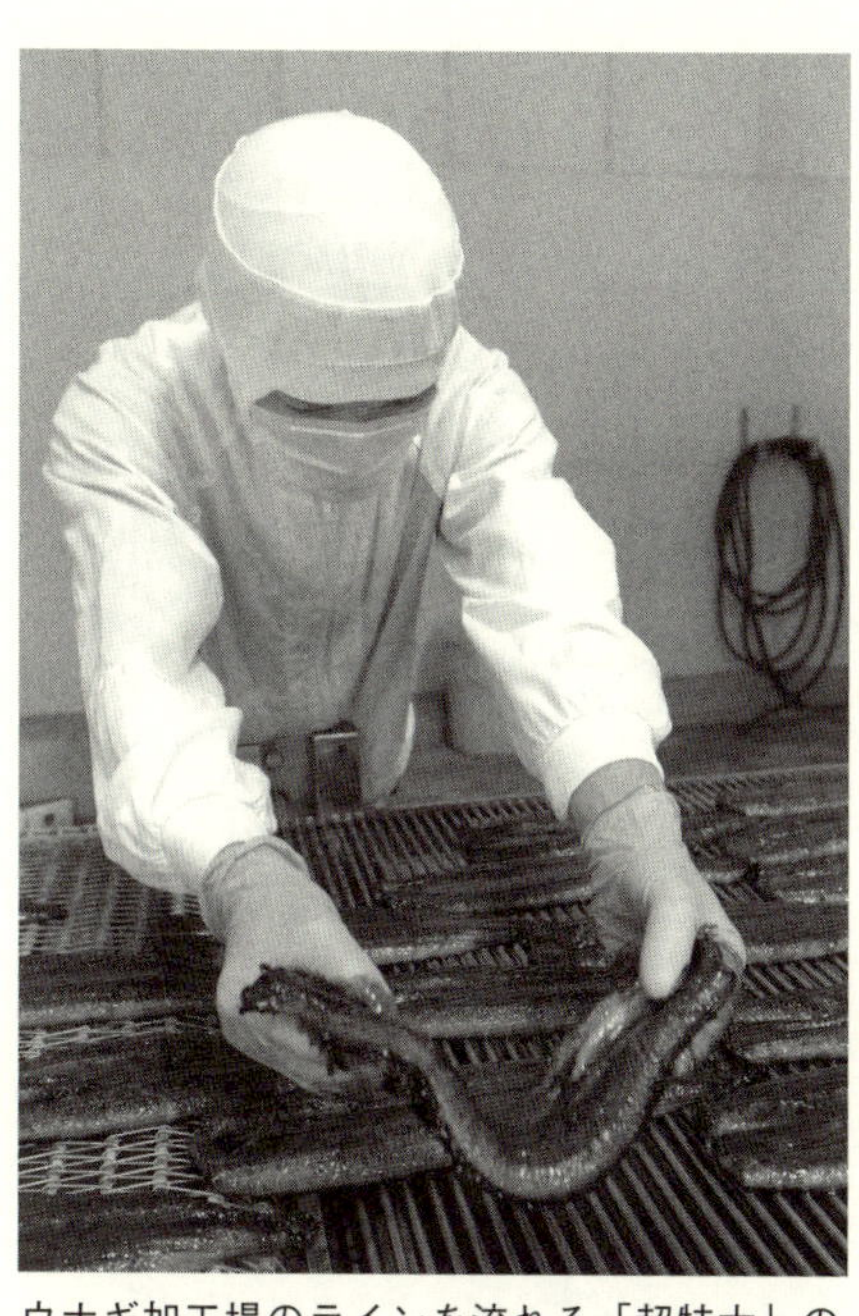

ウナギ加工場のラインを流れる「超特大」のかば焼き＝3月24日、宮崎市塩路の大森淡水

量販店向けの商品を扱う鹿児島県の加工業者も「大きいと高くなり、カットも必要。手間のかからないサイズが売れる」と話した。

そんな業界の常識に大森社長は「サイズが違っても元は1匹の稚魚。資源が減る中、今後は1匹を分けて食べることも必要」と考える。「『太物』の需要掘り起こしには業界の連携が欠かせない」
社内でも売れ行きが心配された1匹４３２０円の超特大かば焼き。「1年かけて売れればいい」と用意した１５００匹分にギフト向けのインターネット注文が殺到、２週間で完売した。

（２０１５年3月28日・宮崎日日新聞）

国産養殖ウナギの池揚げ価格

池揚げされたウナギはキロ単位で卸業者に売られる。200グラム5匹は5P（ピース）、250グラム4匹は4Pと呼ばれ、5～3Pの流通が主流。2015年3月中旬の国内相場は5Pが3350円ほどで、5Pと比べ4Pは200円、3Pは400円安かった。相場によっては5Pと4P、4Pと3Pの差が500円以上になることもある。また、7Pや2Pなど端なものも一部ある。

養鰻新時代　3

ブランド磨く――「完璧」追求し品質管理

「大隅うなぎだから健康にも安心」。鹿児島市を走るバスの車内ではこんな宣伝が流れる。広告主は市内の繁華街・天文館にあるうなぎ専門店「うなぎの末よし」。大隅地区養まん漁業協同組合発足当初の1979年から活鰻を直に仕入れる。

「シラス大地が広がる大隅の水は、ミネラルが豊富。安心安全はまず環境から」と語る奥山博哉会長（77）は、大隅半島にある鹿児島県鹿屋市輝北の出身。大隅は全国を代表する養鰻産地となったが、組合発足時はうなぎといえば、浜松や柳川（福岡県）だったと振り返る。

大隅地区養まん漁協が安心安全を前面に出し、全国に売り出す足掛かりとなったのは、87年に日本生活協同組合連合会（日生協）と結んだ契約だった。

組合の扱いは活鰻4割、加工6割。全ウナギを対象に薬品の残留や匂いをチェックする。組合員には投薬履歴も提示させる。日生協も毎年1回は工場内の衛生状況を立ち入り検査する。

ウナギの産地偽装問題

2003年に中国や台湾で養殖したウナギから合成抗菌剤が検出され、残留農薬の検査が厳重化した。消費者の食に対する安全志向が強まり、国内産ウナギの人気が高まったことを背景に、外国産ウナギを国内産と偽った販売が相次いだ。産地偽装したウナギから禁止薬物が検出され、産地に影響が出るという問題も出た。

ウナギは池入れした年、育った養鰻池でも個体差が出る。組合の田畑親義販売課長補佐（56）は「どんなに管理しても完璧はありえない。だが、完璧に近付けるためできる限り管理している」と話す。

産地偽装問題などが明るみになると、消費者の目はより厳しくなった。徹底した管理をアピールする「大隅うなぎ」にとって追い風となった。

昔からの産地の静岡県でも同様の取り組みがある。浜名湖うなぎは、生育過程の6割以上を浜名湖地区（浜松市、湖西市）で育ったウナギと定義する。浜名湖養魚漁業協同組合では、生産履歴追跡（トレーサビリティー）を実施しており、商品に付けたタグに書かれたロット番号から検索すると生産者を含む生産履歴が確認できる。組合のホームページでも調べられる。

「浜名湖うなぎは、良質な水で育てる分、品質も高い」と内山光治組合長（70）。「組合がブランドを守り、個々の組合員がブランドの付加価値を高める努力をしている」と話す。

生き残りをかけ、ブランド力を磨く動きは各地で広がる。「養鰻100業者アンケート」では、池入れ量2割削減後に高品質、高価格のウナギを育てる取り組みをしたという業者が2割近くに上った。

（2015年3月29日・南日本新聞）

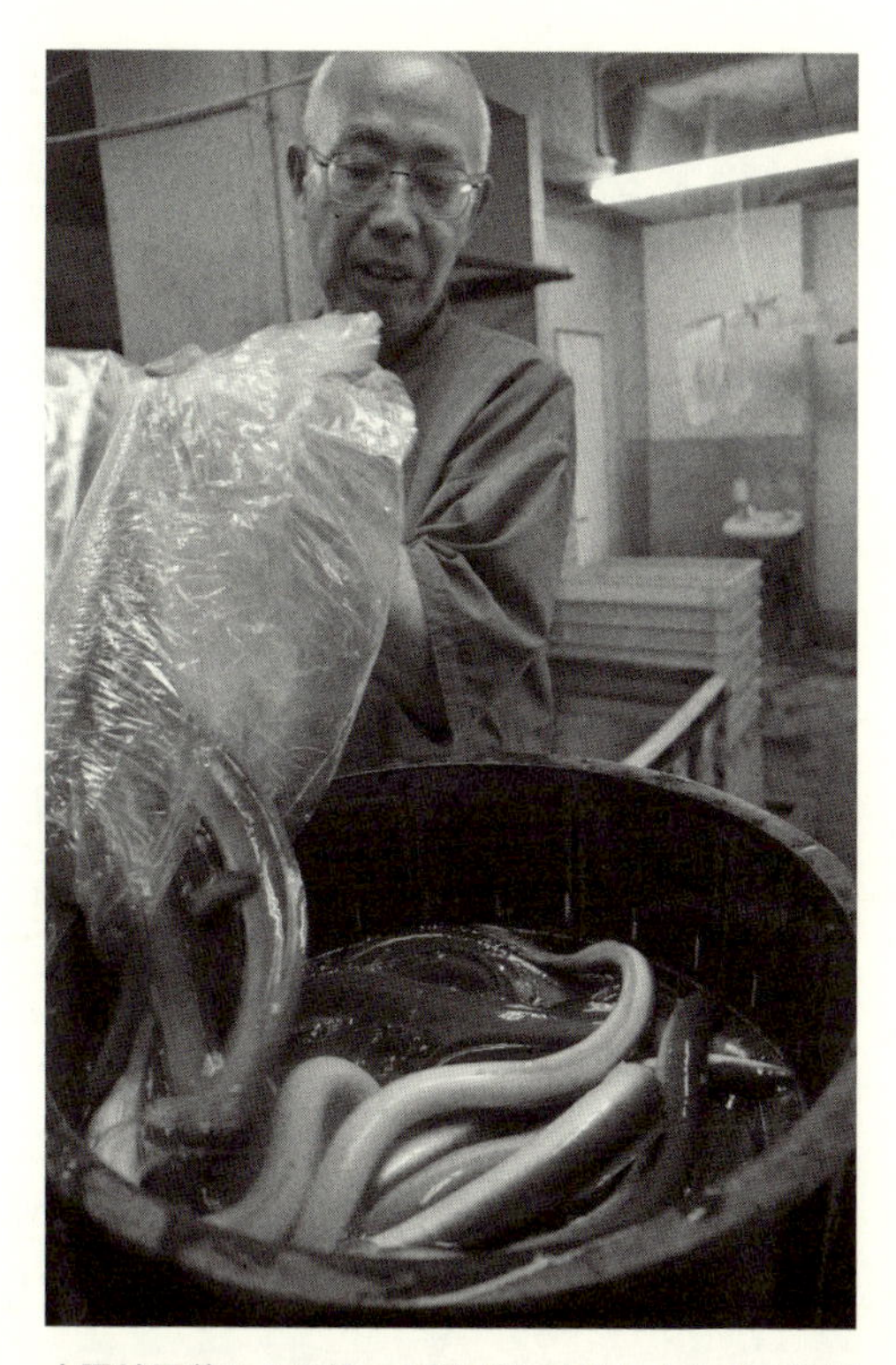

大隅地区養まん漁協から運ばれてきたウナギ。差別化を図るため品質管理を徹底する＝3月25日、鹿児島市城南町の「うなぎの末よし」加工場

養鰻新時代　4

逆風下の経営―緊縮と積極投資 二極化

「どうにか稚魚はそろったよ」。宮崎県内でウナギ養殖を営む男性（61）は2015年3月下旬、予定より1カ月遅れて池入れ上限量を確保した。1キロ当たり約200万円。男性にとって過去最高の仕入れ価格だった。

それでも男性は「問題はここから」と声を落とす。使っている餌が3月、20キロ7千円から8500円に値上げされたのだ。養殖池のビニールハウスを密閉し燃料費を節約するなど経営努力は続けるが、「これ以上何をすればいいのか」。

養殖漁業に不可欠な飼料の価格高騰が止まらない。原因は魚粉の原料である、ペルー沖のカタクチイワシの不漁。ペルー政府は昨年春、保護のために漁業枠を設けたが、その上限に達しなかった。未成魚が多く、昨秋以降は禁漁となった。

飼料メーカーが原料商社を通じ調べた魚粉の現地相場は今年に入って、1トン当たり2400～2500ドル。09年の2

倍近い。今春漁が再開しても製品となるのは半年後で、メーカーは値上げ交渉を業者と続ける。

魚粉の割合を抑えることは品質低下につながる。100業者アンケートでは、池入れ制限導入後の対策で「餌を安く仕入れる」という回答は3社にとどまった。

2014年から本格的に稼働した液化酸素を導入した山田水産の養鰻タンク＝3月20日、鹿児島県志布志市有明

経営環境が厳しくなる中、大規模経営が多い鹿児島県では、少し事情が異なる。

山田水産（大分県佐伯市）は、鹿児島県志布志市の養鰻場で、県全体の約6分の1に当たる1千トンを生産する。シシャモ加工業からスタートした同社は、加工で蓄積した販売のノウハウを武器に、養殖から販売まで一貫生産する。「消費者の意見が直接入ってくることは大きなメリット」と山田信太郎専務(41)は語る。

消費者の声を元に、商品価値を高めようと、12年には養鰻場の一部で、液化酸素を水に溶け込ませたタンクでの養鰻を始めた。14年12月に本格化。山田専務は

ウナギの餌

外国産のスケトウダラやカタクチイワシが原料の魚粉が７割以上で、団子状に練り上げるため、でんぷんを２割ほど必要とする。ビタミンやミネラルも補う。魚粉の枯渇を受け、代替として大豆油かすなど植物性タンパク質の利用を模索。ただ、タンパク質の吸収を妨げる因子が含まれ、短期間での成長を促したい養鰻場では効率が良くない。メーカーで改善が進められている。

「こんな時こそ攻めの経営。生き残りをかけたビジネスチャンス」と前向きだ。加藤尚武養鰻部長（44）は「おいしいウナギが提供できる」と新技術に自信を見せる。

より健康的な環境で育つウナギは、食べる餌の量が一定し安定する。

種苗不足と資源管理強化という逆風の中、コストを極限まで削ろうとする中小と、積極的に差別化を図る大手。養鰻業の経営は二つに分かれつつある。

（２０１５年3月31日・南日本新聞）

養鰻新時代　5

新分野に挑む—施設生かし観光と連携

大きな体をくねらせるウナギを指さしながら、浜松市西区の天保養魚場で山下昌明社長（55）の声が響く。「ウナギは、鳥もなかなか飲み込めない。一説では、鵜が食べるのに難儀したのが名前の由来とか…」。2月下旬、長野県から訪れた観光団体を養鰻池に招待し、雑学を交えながらウナギの歴史や養殖の流れを紹介した。

40年前に約500軒の養殖業者がいた浜名湖周辺も、現在は約30業者。父の代から業界の盛衰を見てきた山下社長には、養殖業を続ける厳しさが身にしみて分かる。2年前、大学を卒業した長男の翔大さん（24）が後継ぎとして浜松に戻ってきた。「息子の代も安泰とは限らない。新たな挑戦をしないと生き残れない」

思いついたのが、観光客を招く〝養鰻池ツアー〟。「見て、触って、食べて」を合言葉に、養殖池を案内してウナギに関心を持ってもらおうという企画だ。4月からの本格スタートを静岡新聞が報じると、「いつから始まるのか」と客や旅行会社からの問い合わせが相次いだ。地元の浜名湖かんざんじ温泉観光協会も関心を寄せ、養鰻業と

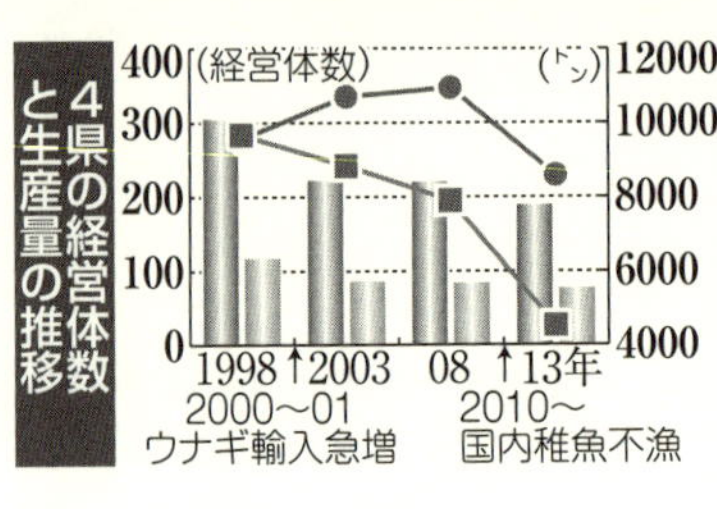

観光業が新たな連携に向けて一歩を踏み出す。

他分野に挑戦する養殖業者は、鹿児島県東串良町にもいる。牧原養鰻の牧原博文社長(47)。養殖に使う稚魚(シラスウナギ)の資源が減る中、目を付けたのは「ナマズ」だ。しっぽのかば焼きはウナギの食感に近く、刺し身ならマダイやヒラメのような淡泊な味わいを楽しめる。

ナマズ養殖を始めたのは2年前。「本当はウナギ一本でいきたいが…」と語る牧原社長だが、「やはり10年、20年先を考えると養鰻だけでは心もとない」と明かす。稚魚の減少で空いた養殖池をそのまま使えるほか、養鰻で培った温度管理の技術、豊富な地下水も活用できるなどメリットも多いという。

宮崎県でも一部の業者がチョウザメの養殖に着手し、２０１３年からブランド化したキャビアの原料生産を目指している。各地で養鰻業の多角化が進む背景には、不安定な業界への危機感があるのは確かだ。しかし、「今こそ、いろんな工夫を考えるチャンスではないか」と浜松市の山下社長は話す。個々の挑戦が業界全体へと広がれば、新たな道が開く可能性はある。

(２０１５年4月5日・静岡新聞)

養鰻業者数と生産量

養鰻経営体（個人、会社、組合など）数は1973年がピークで全国3250あった。オイルショックや稚魚価格高騰などを受けて減少し、2000年、01年の輸入急増の後、500経営体を割った。13年は全国384経営体。主産4県も経営体数は減っているが、生産量の増減は「静岡・愛知」と、規模拡大や組織化を進めた「鹿児島・宮崎」で対照的。10年漁期から4年続いた稚魚不漁は生産量にも影響している。

▲観光客にウナギの歴史や雑学を紹介する山下昌明社長（右）＝2月下旬、浜松市西区の天保養魚場

◀ナマズを養殖する牧原博文社長。「しっぽ近くの食感はウナギに似ている」＝3月16日、鹿児島県東串良町岩弘

養鰻新時代　6

新団体や統合―技術と意識　結束し向上

3月下旬の午後、仕事が一段落した宮崎市の養鰻業・斉藤水産の斉藤直之さん（35）は隣町の新富町にある中村養鰻場を訪ねた。同養鰻場の中村哲郎さん（48）、功さん（42）兄弟とともに養殖池のあるビニールハウスに入ると、ウナギ談義に花が咲く。

稚魚（シラスウナギ）相場に始まり、池底に敷く石の種類、水質調整の方法、与える餌の量…。互いが持っている情報や技術を惜しまず提供し合う。「勉強になることばかり」と斉藤さん。気付けば1時間が経っていた。

3人は宮崎県うなぎ師養殖組合のメンバー。県内25業者が情報共有や技術力アップを狙い2014年4月に発足させた任意団体だ。

宮崎県内には43の養鰻業者がいるが、半数以上が生産者組織に所属しない状態が長年続いてきた。そうした業者の交流はほとんどなく、27歳で家業を継いだ斉藤さんも「当時はよその池を訪ねるなんて考えもしなかった」と振り返る。

しかしここ数年、稚魚は減り続け価格は高騰。中村さん兄弟の父で同養殖組合代表

養殖技術について意見を交わす斉藤直之さん（左）と中村哲郎さん。宮崎県うなぎ師養殖組合のメンバーだ＝3月24日、宮崎県新富町新田の中村養鰻場

の宗生さん（78）は「自分の池だけ見ていればいい時代ではなくなった」。稚魚の池入れ制限や、許可制移行など養鰻業そのものが変わりつつある。「それぞれが磨いた技術を分け合い、産地全体で品質向上やコスト減に取り組まなければ生き残れない」

業界全体の連携も進もうとしている。東海、四国の業者でつくる日本養鰻漁業協同組合連合会（静岡市、日鰻連）と、九州の全国養鰻漁業協同組合連合会（熊本市、全鰻連）は6月の統合を目指し協議を継続。元は一つの団体だった両団体の分裂以来、13年ぶりに生産者組織が一本化することになる。

全鰻連の村上寅美会長（75）は「資源保護をめぐる国際的な会議の場では、国内の意思統一が必要」と対外的な発信力強化を期待。日鰻連の白石嘉男会長（64）も「ワシントン条約の会合を控え、日本としての資源管理策が注目されている」と業界全体が結束する必要性を強調した。
一方で、両団体の統合後も業者の加入率が5割を下回る地域があるなど影響力不足も懸念される。全鰻連傘下の宮崎県養鰻漁業協同組合の岩切庄一組合長（68）は連携の動きは歓迎した上で「形だけ整っても資源は守れない。最後は現場の意識がどこまで変わるかだ」と訴える。

（2015年4月6日・宮崎日日新聞）

日鰻連と全鰻連の統合
全鰻連は2002年に九州の養鰻業者らが日鰻連を脱退して設立。近年の稚魚不漁を背景に統合協議が進み、15年6月、全鰻連会員が日鰻連に再加入した。再加入前の加盟業者数は、日鰻連が4県の約200業者、全鰻連は4県118業者。14年秋には、国に届け出た国内全業者で国の養殖量管理の実務を担う業界団体「全日本持続的養鰻機構」が発足。今後、新日鰻連と同機構が併存する形で、業界連携と資源管理強化に取り組む。

養鰻新時代　7

報告の義務化―資源管理　問われる良心

ウナギ養殖業は、今期（２０１４年11月～15年10月）から届け出制になった。養殖業者は毎月、稚魚（シラスウナギ）の池入れ量や親ウナギの出荷量を報告しなければならない。

ただ、報告は書類による自己申告のみ。「領収証のない経費請求のようなもの」。養鰻業界には実効性を疑問視する声がある。浜松市の養殖業者は「数字はいくらでもごまかせる。これで本当に管理できるのか」と首をかしげる。

さらに、静岡県内の別の業者は稚魚取引にこんな抜け道もあると明かす。シラスウナギは通常1キロ5千匹前後で計算されるが、闇ルートでは1キロ6千～7千匹で取引されることがある。「書類上は同じ1キロ。通常、稚魚の1～2割は成長過程で死ぬ。出荷する時に、死んだ率が少なかったと偽れば、池入れ量と出荷量の帳尻が合う」

宮崎県では、届け出制になる前から、稚魚の池入れ量と仕入れ先を条例に基づいて県に報告させてきたが、60代の業者は「闇から買ったなんて正直に報告する者はいない」と断言する。

監督が困難なことは水産庁も承知だ。「不正を完全に防ぐのは難しい」と認め、審査強化を課題に挙げる。

正直者が損をするようでは「資源保護」も「資源管理」も掛け声止まりだ。静岡うなぎ漁協の白石嘉男組合長（64）＝吉田町＝は「各業者がきちんと報告しているか、組合としても把握する必要がある」と話す。鹿児島県養鰻管理協議会の楠田茂男会長（71）も「限りある資源を分かち合うことが、養鰻業の継続に不可欠」と、業界団体の関与の重要性を強調する。

国は来期、ウナギ養殖を許可制にする意向だ。野生生物の国際取引規制を審議する16年のワシントン条約の締約国会議をにらみ、着々と対策が進んでいることを世界に示したい考えだ。

「資源管理へ国内の体制をしっかり固めたい」。東京で3月に開かれた全日本持続的養鰻機構の会合で、水産庁幹部は全国の養鰻団体代表者に呼び掛けた。

ただ、業界を見渡せば、資源管理の必要性を理解はしても、国の施策全てに納得している状況にはない。３紙が１００業者に行った合同アンケート調査で、池入れ量制限への賛否は、ほぼ半々だった。養鰻業界が資源保護に本気で取り組まなければ稚魚が枯渇し、遠からず養鰻業の衰退に跳ね返ってくる。業界の危機意識と良心が問われている。

（2015年4月7日・静岡新聞）

稚魚の池入れ状況を記録する養鰻業者と、国への報告用紙のコラージュ＝3月31日、静岡県内

養鰻新時代　番外編

寒冷地で養鰻に挑む―岡谷市での挑戦

ニホンウナギの資源管理に条約など法的枠組みを検討する初の国際会議が2015年2月4、5の両日、東京で開かれるなど、ウナギ養殖に一定のルールを導入する動きが加速する中、浜松、三島などとともに「うなぎのまち」と呼ばれる長野県岡谷市で、ウナギの養殖が始動した。なぜこのタイミングに寒冷地で南の海で生まれるウナギの養殖に挑むのか。天竜川源流の諏訪湖畔の街を訪ねた。

濃い青い諏訪湖の湖面と真っ白な雪が映える。湖から天竜川の流れに沿って除雪された雪が点々と積もる市道を行くと、本格養殖に先駆けて造られた試験養殖小屋があった。

中には縦1・67メートル、幅90センチ、高さ60センチの水槽が二つ。熱帯魚用の浄水装置とヒーターで温めた地下水を管理する水温計が置かれていた。小松壮さん（42）が餌を与えると20～50センチのウナギが一斉に群がった。

試験養殖場
岡谷市役所
諏訪湖
長野県
中央自動車道
天竜川
山梨県
N

「うなぎのまちを次代に引き継ぐには、市民に関心を高めてもらい、食文化と資源の保護を両立させなければ」と話す小松さんは市議会議員でもある。14年3月末に市議仲間と岡山県の養鰻場を視察し、岡谷に戻るとすぐに小屋を建て、5月には徳島県から稚魚３００匹を仕入れた。浜松市の養鰻場で技術指導も受けた。

岡谷市はかつて諏訪湖や天竜川から天然ウナギが豊富に揚がった。市内でウナギ店などを営む小松屋川魚店の小松善彦会長（87）によると、昭和初期に数十トンあった漁獲量は天竜川の護岸工事やダム建設が進むにつれて減少した。現在は食文化のみが残り、市内約20軒の川魚店やウナギ店は県外から仕入れているという。飲食店などは「うなぎのまち岡谷の会」を設立し、冬にウナギを食べる「寒の土用丑の日」を制定。三島市のウナギ料理店とも交流を続ける。

ニホンウナギの稚魚（シラスウナギ）の不漁が続き、国は資源管理を強化している。昨年、養殖業者は国への届け出が必要になり、15年度には許可制に移行する青写真が描かれている。許可制になれば、新規参入のハードルは高くなる。

さらに、中国、台湾、韓国との合意に基づき、この冬は初めてシラスウナギ「池入れ」の量の割り当てが行われた。新規参入業者として長野県で唯一届け出た小松さんたちの割り当ては2・6キロ（約1万3千匹）だった。

ニホンウナギは温帯性の回遊魚で、その食欲は水温15度を下回ると減退しはじめ、10度以下では餌を食べなくなるとされる。国の調査などによると、2013年にシラスウナギの採捕は24都府県で、ウナギ養殖は21県で行われた。ただし養殖は1989年には42都道府県で行われていた。近年は速い成長を求めて25度以上で育てるため、水温維持のコスト面などで有利な温暖な地域で盛んになった。電気化学工業（本社・東京都）が、自前の火力発電の廃熱を利用して新潟県糸魚川市で行っている養鰻業が現在の日本の養鰻の北限とみられる。

シラスウナギ漁は今、シーズンまっただ中。どのタイミングでどれだけ調達するか、本格的な養殖場を建設中の小松さんたちは思案している。

（2015年2月8日・静岡新聞）

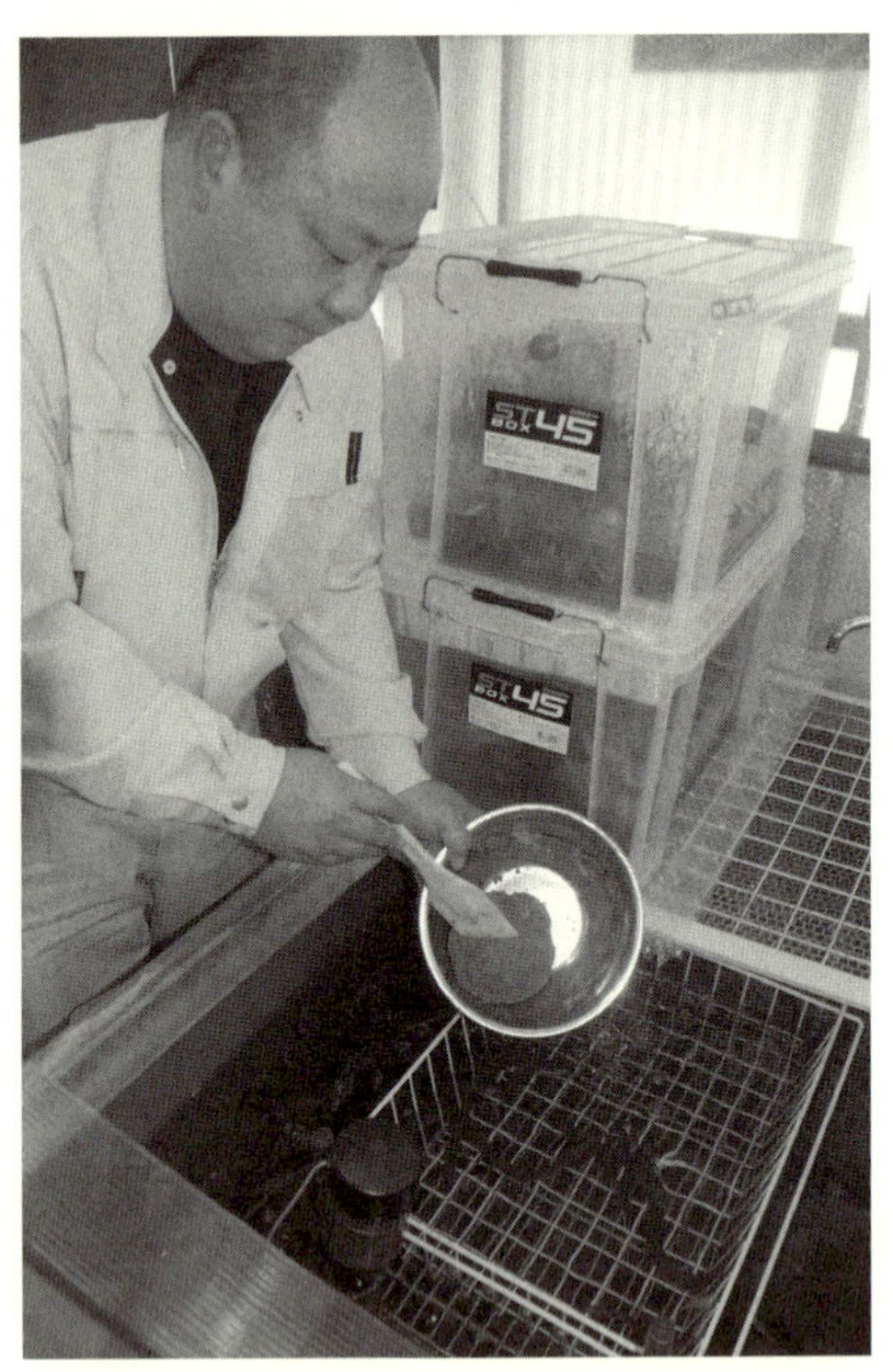

試験養殖しているウナギに餌を与える小松壮さん＝1月31日、長野県岡谷市内

養鰻新時代　番外編・高知ルポ（上）

四万十川の資源危機―完全養殖へ漁師も動く

ニホンウナギが２０１４年に絶滅危惧種に指定された前後から、資源保護の機運が全国各地で高まった。だが、受け止めや取り組みには地域差もあるようだ。15年2月上旬、高知県を訪ねた。

◇

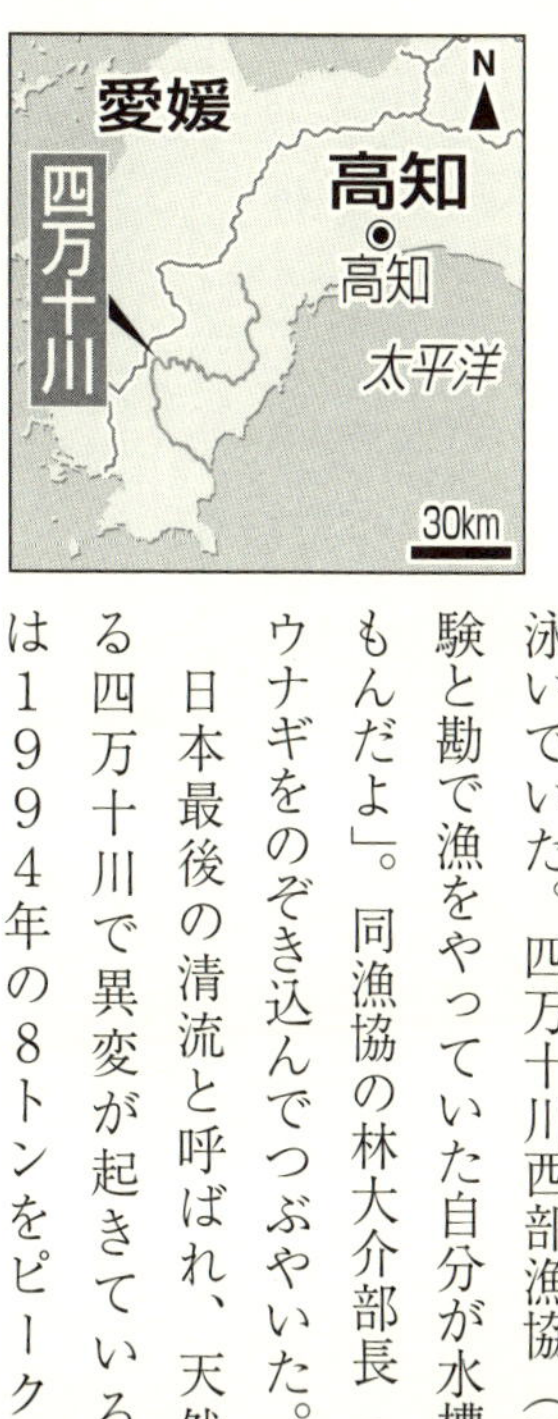

水槽の底に置かれた筒を、大きさ約20センチのウナギが出たり入ったりするように泳いでいた。四万十川西部漁協（四万十市）の事務所。「経験と勘で漁をやっていた自分が水槽とにらめっこ。不思議なもんだよ」。同漁協の林大介部長（55）は、ゆらゆらと泳ぐウナギをのぞき込んでつぶやいた。

日本最後の清流と呼ばれ、天然ウナギを売りにしている四万十川で異変が起きている。天然ウナギの漁獲量は１９９４年の８トンをピークに減少の一途をたどり、

2011年には7トンまで激減した。県内水面漁場管理委員会は天然ウナギの資源管理に踏み出し、14年3月には全長21センチを超えるニホンウナギについて今後3年間、10月から3月までの禁漁期間を設けた。

天然ウナギを次世代へ残したい—。同漁協の小出徳彦組合長(54)が考えたのは、ニホンウナギの完全養殖だった。「自然の生き物を捕るのが俺らの仕事だ」と漁協内部からは反対意見も出た。それでも「採捕禁止だけでは資源は持たない。次世代に天然ウナギを残していくためにも完全養殖に取り組む」と説得した。愛媛大南予水産研究センターなどと協力し、14年2月に「四万十川流域天然ウナギ資源再生機構」を設立した。

四万十川で採捕した稚魚(シラスウナギ)に週4回、同センターが開発した特殊な餌を与え、親ウナギの雌化を目指す。親ウナギから採卵してふ化させ、さらにシラスウナギを育てるサイクルを安定的にするのが狙いだ。同センターと同漁協、愛媛県松野町の四万十川学習センターおさかな館の3カ所で研究を進めている。将来的には親ウナギやシラスウナギの放流も視野に入れ、四万十川の天然ウナギの資源回復を狙う。

飼育を担当する林部長は「だんだん水槽で泳ぐウナギがかわいくなってきたね」と話す。小出組合長は「完全養殖を早く確立し、資源回復につなげたい」と期待する。

自然とともに生きてきた四万十川の漁師が今、科学の世界に挑んでいる。

（2015年3月18日・静岡新聞）

完全養殖

ニホンウナギの稚魚（シラスウナギ）を養殖しても、ほとんどは雄の親ウナギになるとされる。シラスウナギが成長する時期に特別な餌を与えて親ウナギの雌化を目指す。1960年代から親ウナギに卵を産ませる研究が始まり、73年に北海道大で世界初の人工ふ化に成功。水産総合研究センターが2010年に人工ふ化から育てたシラスウナギを成熟させて完全養殖に成功した。同センターが大量生産に向けた研究を続けている。

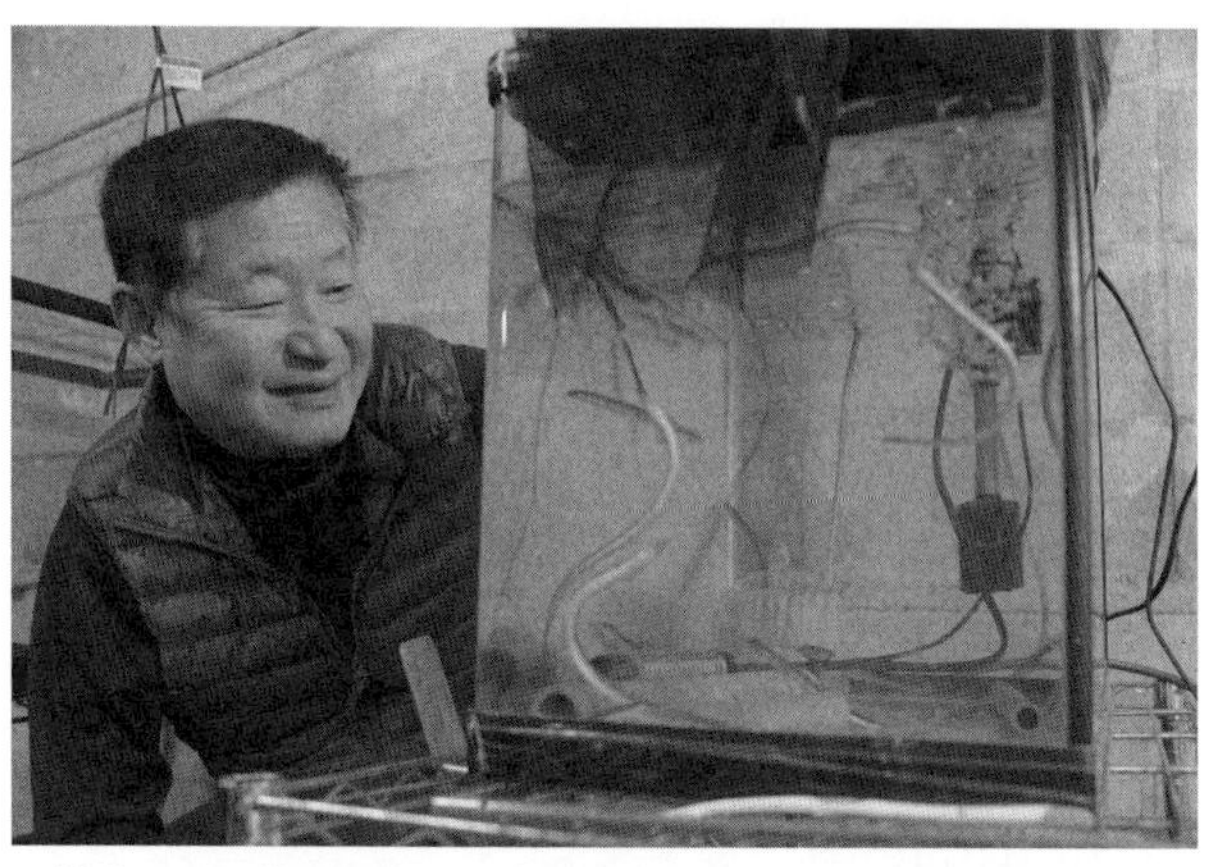

天然ウナギの資源回復を願い、水槽を泳ぐウナギを見つめる林大介さん＝2月2日、高知県四万十市の四万十川西部漁協

養鰻新時代　番外編・高知ルポ（下）

池入れ削減量上乗せ―決定「一方的」募る不信

養鰻池の水をかき混ぜる水車のモーター音の響きのわりに、池を泳ぐシラスウナギ（ニホンウナギの稚魚）の数は少ないように見える。「これじゃ生計を立てられない。このままだとつぶれてしまう」。高知県香南市で養鰻業を40年以上営む吉岡和樹さん（72）は吐き捨てるように言った。

２０１４年にニホンウナギが絶滅危惧種に指定された以前からシラスウナギが黒潮に乗ってやって来る高知県は資源保護の意識が高かった。内水面漁業の代表や学識経験者などでつくる県の内水面漁場管理委員会は、シラスウナギの採捕期間を全国で最も短い12月11日から3月15日の95日間と設定。またシラスウナギの特別採捕人も毎年削減していて、それに合わせて採捕量の上限を独自に設けている。13年の稚魚漁期（12年12月～13年3月）は1トン、14年漁期は５００キロに抑えた。

シラスウナギの池入れ量規制が導入された今シーズン。高知県は池入れ量の割り当てとして、水産庁から過去3年の平均を取った６００キロの提示を受けた。しかし「資源保護の姿勢をより鮮明にすべきだ」として、前期比3割減とする350キロに自主設定した。同委員会の委員長でもある県内水面漁協連合会の樋口清允会長（78）＝芸陽漁協組合長＝は「川に生きる人間として、資源を守っていかなければならない。次世代に残していくためにも、どこかで先鞭を付けて、漁を辛抱することが必要」と理由を明かす。

しかし県が池入れ量を自主設定する際、シラスウナギを仕入れる養鰻業界の意向は反映されていなかったため、養殖ウナギの生産者には、一方的だと不満がくすぶる。県内の養鰻業者でつくる県淡水養殖漁協の北村光明組合長（76）は、養鰻業が届け出制になり、さらに許可制に移行する急展開の中「従わざるを得ない」とする一方、「高知がウナギの産地として生き残れるよう養殖業者を保護すべきだ」と訴える。

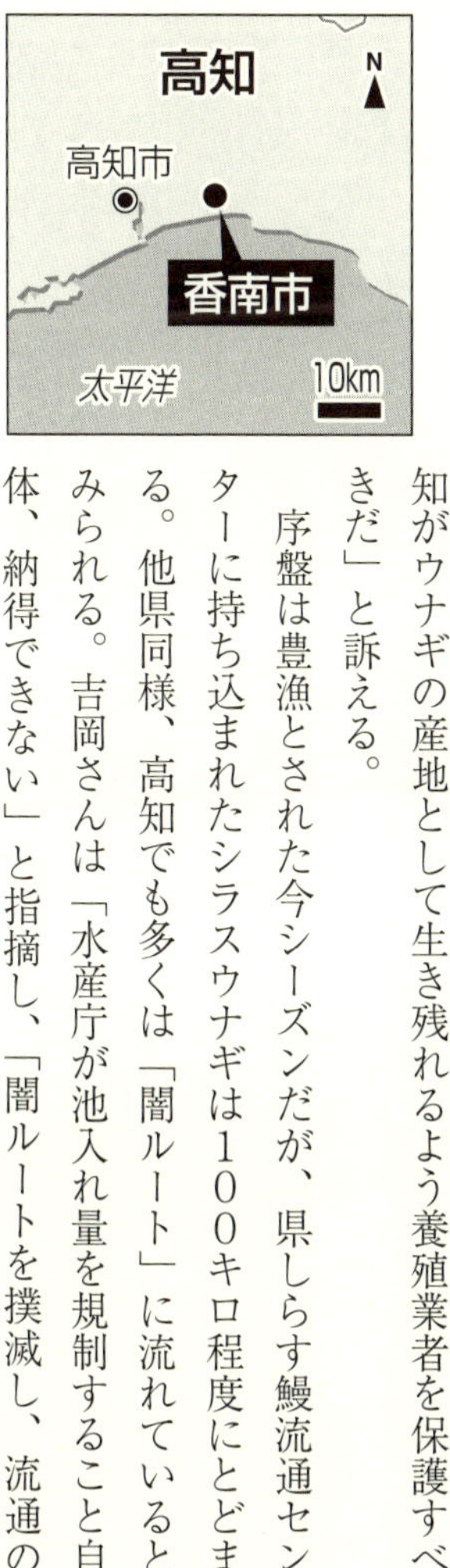

序盤は豊漁とされた今シーズンだが、県しらす鰻流通センターに持ち込まれたシラスウナギは100キロ程度にとどまる。他県同様、高知でも多くは「闇ルート」に流れているとみられる。吉岡さんは「水産庁が池入れ量を規制すること自体、納得できない」と指摘し、「闇ルートを撲滅し、流通の

高知県の養鰻業

もともとニホンウナギの稚魚（シラスウナギ）を採捕して売っていたが、1960年代後半から採捕人が自ら養殖に乗り出す「養鰻ブーム」が始まった。養殖を始めたのは農家が多く、農業用のビニールハウスは養鰻池に様変わりした。全国的にシラスウナギや親ウナギが不足した時期は、静岡県にも供給していた。78年には３００業者を超えたが、稚魚取引価格高騰などで採算が合わなくなった80年代後半から減少し、現在は18業者にとどまる。

透明性を図ることが資源保護につながる」と主張する。ウナギの資源保護と食文化を支える養殖業者を守るバランスをどう保つか。その両立を可能にする妙案は見いだせないまま不信が募る。

（２０１５年3月19日・静岡新聞）

「この状況が続けばつぶれてしまう」。シラスウナギの池入れ量の自主規制に不満を募らせる吉岡和樹さん＝2月4日、高知県香南市

養鰻新時代　番外編

新規参入―米どころ新潟から挑戦

新潟県見附市の建築業岩野満さん（41）が3月中旬、浜松市西区の養鰻業者を訪れた。ハウスの構造、水の循環、温度管理など、ウナギ養殖のノウハウを学ぶためだ。

岩野さんは、今年からウナギの養殖を始める新規参入者。既にビニールハウスの建設にも取り掛かり、相模湾（神奈川県）のシラスウナギ10キロを仕入れるための届け出も済ませた。「新潟の米に地元で育てたウナギのかば焼きを乗せれば、おいしいに決まっている」。そんな思いを胸に、来年にも養殖ウナギの初出荷を目指す。

難問はいくつもある。池の温度を25～30度に保つ必要がある養鰻業は、燃料費が割高になるため寒冷地には向かないとされてきた。減り続ける稚魚の確保も難しく、今後は国の規制がいっそう強まる可能性もある。

一方で、〝秘策〟も考えている。温度管理には近くの山で出た間伐材を燃やし、冬場の水温を維持する。「重油、軽油は一切使わず、エコな養殖を目指したい」と岩野さん。養鰻の質を左右する池の水は、地元で飲料用にもなっている上質な山の湧き水を使う。養殖池を割安なコストで建てられるのも、建築業者の強みだ。浜松市の業者から学んだのは水の管理や温度調節、そして「ウナギの変化に気付く」大切さ。「困難もあるが、挑戦する価値はある」と語る岩野さんは、「いつか新潟ブランドのウナギを育てたい」と夢を抱く。転換期をチャンスとばかりに養鰻業に挑戦する人たちがいる。

養殖に使う天然稚魚の不漁が続き、資源管理に向けた養鰻業の規制が強化されている。今シーズン（2014年11月～15年10月）導入された届け出制は、来シーズンから許可制になり、「既得権化しないか」「設備投資がしにくくなるのでは」などの懸念が養鰻業界から聞かれる。浜松市で4月19日開かれた静岡新聞社主催の「ウナギNOW」シンポジウムで、パネリストの長谷成人水産庁増殖推進部長は「新しい人が入ってくることは可能」と述べたが、新規参入の条件にも言及した。

（2015年4月28日・静岡新聞）

新潟県からウナギ養殖を学びに訪れた岩野満さん（中央）＝３月中旬、浜松市西区

養鰻新時代　番外編

新規参入―ヒラメの設備転用、海水で養殖

稚魚不足と管理強化で逆風の養鰻業に新風を吹き込もうとする動きは、宮崎県にもある。県最南端の串間市で30年前からヒラメを育てる大田商店（大田幸宏社長）は設備を転用し、2012年にウナギ養殖に参入した。養鰻業者の手で育ちきらなかったために出荷を見送られ、放流されるなどしてきた小さなウナギ「クロコ」を買い上げ、国内で珍しい海水養殖で太らせる。

同社は10年ごろまで年間12万〜13万尾のヒラメを生産していたが、輸入物との価格競争が激化、「施設や海水殺菌、酸素濃度管理などの技術が生かせないか」とウナギ養殖に活路を求めた。0・2グラム前後のシラスウナギ（稚魚）ではなく、20〜100グラムのクロコに目を付けたのは稚魚より安価で、かつ丈夫で扱いやすいからという。

志布志湾からくみ上げた海水を掛け流しして泳がせ、餌は

魚粉などで作ったウナギ用の一般的な配合飼料を与える。科学的な理由は分からないが、30度前後に加温した淡水で大きくならなかったクロコが数カ月で300～400グラムに育つという。

大田佳成専務（52）は「体が青白いウナギは味がいいと言われているが、ここで育つとまさにそうなる。串間の海のミネラル分など水質が合っているのではないか」とみる。取引先の評判も「臭みがない」「味がしっかりしている」と上々だ。

4年目の今年の出荷量は、初年の1トンから飛躍し15トンを見込む。大田専務は「取りこぼすことなく育成することは資源の有効活用になる。クロコで技術を磨き、将来はシラスウナギからの養殖も手掛けたい」と見据える。

（2015年4月28日・宮崎日日新聞）

ヒラメの養殖場を利用し、海水掛け流しでウナギを育てる大田商店＝4月24日、宮崎県串間市崎田

外食産業に進出―池と客席結び一貫経営

レジャー施設が立ち並ぶ愛知県蒲郡市と、工業都市の碧南市の間に位置する西尾市一色町。三河湾沿岸部に向かうと、広がる田畑の中にビニールハウスが点在する。その一画の幹線道路沿いに、ひときわ新しいウナギ専門料理店「うなぎの兼光」がある。長さ5メートルほどの「焼き場」の中央から両端に向かって、串打ちされたウナギが続々と炭火で焼かれる。客入りを予測して焼き始められていたウナギは間もなく客席に並び、注文から外れたウナギはすぐに急速冷凍庫に入れられ、贈答品などの在庫に回った。

「養殖から加工品まで手掛けているからこそ、待ち時間なくおいしいウナギが提供できる」。店舗リーダーの加藤朝也さん（31）はそう胸を張った。

1997年まで15年間、養殖ウナギ生産量全国1位だった愛知県。その8割以上の生産を担ってきた一色町は、昭和40

客席から見える長い「焼き場」で、4～5人の担当者が手際よくウナギを焼き上げる＝5月11日、愛知県西尾市一色町のうなぎの兼光

年代まで稚魚を幼魚まで大きくし、静岡県などの養殖業者に販売する生産方式がメーンだった。そのため、長年ウナギを扱う専門店が根付かなかったが、２００９年に専門店が登場し、今では「一色産うなぎ」ブランドを堪能しようと域外から多くの客が訪れている。

一色町で2軒目のウナギ専門店として、うなぎの兼光がオープンしたのは14年7月。国内で過去最低のウナギ稚魚の漁獲高を記録、環境省がニホンウナギを国内版レッドリストへ指定した13年が転機だった。「座して死を待つか。それとも経営体力のあるうちに仕掛けるか」。養殖から加工、流通まで

一色町の養鰻の歩み

1894年に日本初の水産試験場が設立されたのを機に養鰻が始まった。急速に発展したのは1959年の伊勢湾台風の後。壊滅的な被害を受けた水田を養鰻池に転換する動きが進み、矢作川支流から取水する養鰻専用の水道が張り巡らされたことが産地化の決め手になった。専用水道は今でも全業者が使用する。浜名湖周辺の業者と異なり、冬に池入れした稚魚を夏の土用丑（うし）の日にかけて短期間で育てる「単年養殖」を行う。

を手掛ける兼光グループで、加工販売を担う兼光水産の高須重春代表（51）が描いたのが、外食産業による事業拡大だった。

１００トンのウナギ加工品を出荷する場合、重量で取引額が決まるため、1キロ当たり3千円で販売すると3億円の売り上げになる。だが、同じ１００トンの50万匹を、単価2千円のメニューで提供すれば10億円に膨らみ、雇用も創出できる―。高須代表は数年以内に大都市圏へ多店舗展開した上で「50億円規模の売り上げを目指す」とビジョンを力説する。

外食産業は未知の世界。稚魚の連年の漁獲不漁に伴い養殖池への稚魚の池入れ量が削減され不安も大きいが、「一色産うなぎ」ブランドと、蓄積された加工品製造のノウハウが下支えする。「今までは他力本願だった。自ら客と顔を合わせて発信し、ブランド力を高めなければ生き残れない」と高須代表は話す。業態を変えながら幼魚、加工品と供給してきた一色町は今、「作って、加工して、食べることができる地」へと変化している。

（２０１５年5月17日・静岡新聞）

養鰻新時代　番外編・三河一色（下）

「まつり」改称—合併後もブランド不変

2日間で延べ3万人が訪れる愛知県西尾市一色町の年に一度のイベントが、今年も5月23、24の両日に三河湾に面する施設「一色さかな広場」で開かれる。「みなとまつり2015」のチラシには「うなぎ丼」「うなぎ串」「うなぎコロッケ」といったウナギ商品が数多く並ぶ。

昨年（14年）までイベント名は「三河一色うなぎまつり」だったが、名称を変更した。その理由を一色町商工会の高橋恵一郎事務局長（61）は「一色町は海に面した地域でエビ煎餅やアサリ、ほかにも多くの特産品がある。全体感を出して皆で盛り上げようとしている」と語る。さかのぼると「うなぎまつり」も08年までの8年間は、「全体感」のある「みかわべイフェスティバル」の名で開催していた。

08年。この年、養鰻業界を揺るがす問題が内外で立て続けに発覚する。6月に一色うなぎ漁協が養殖履歴のはっきりしないウナギを一色産と販売していたことが問題化。直後には、県外の業者が輸入ウナギを一色産と偽装していたことが分かった。07

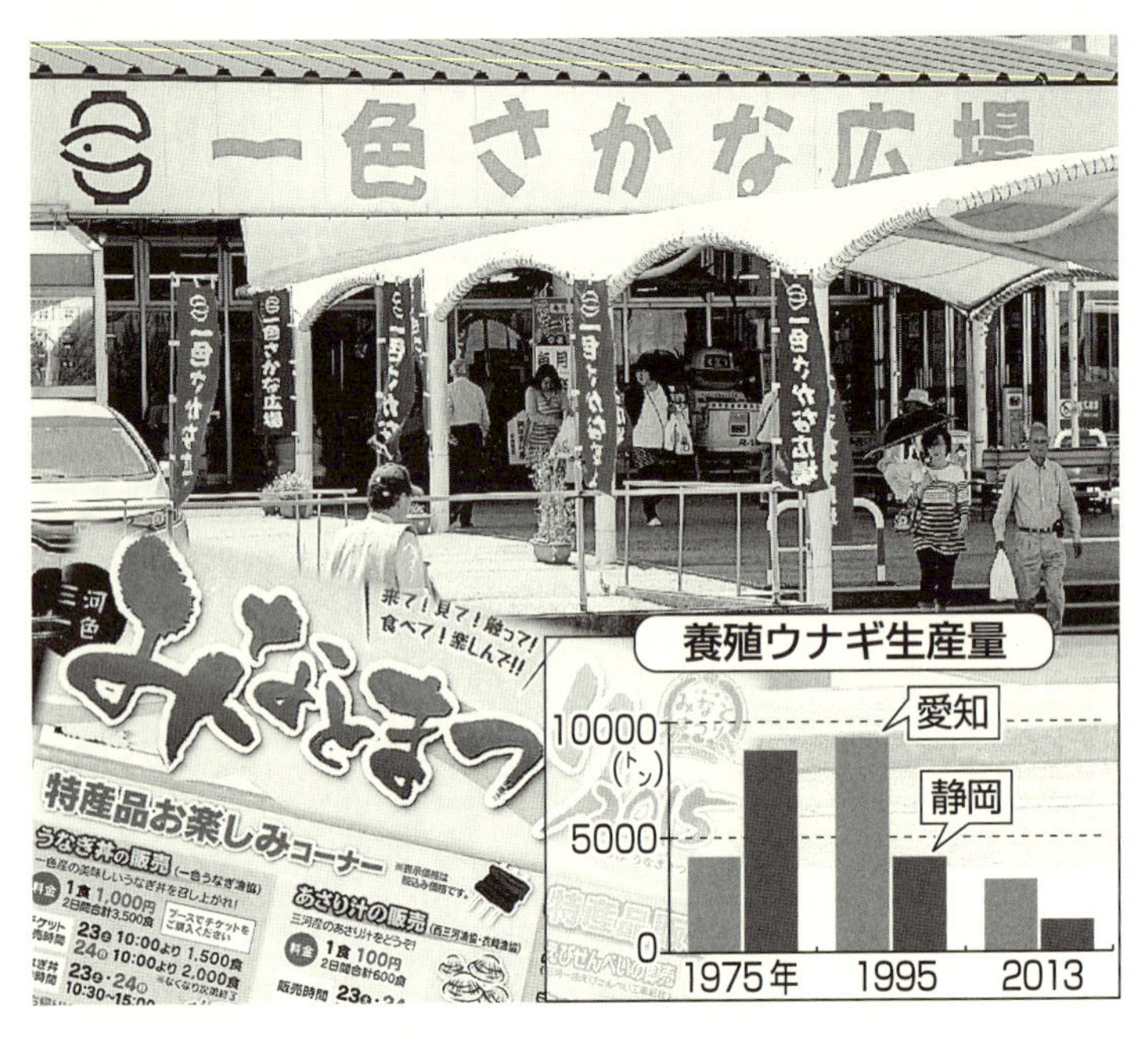

南九州に主産地が移り、東海の養殖ウナギ生産量は減り続けている。写真は「みなとまつり」に名称変更したイベントのチラシと、会場になる一色さかな広場（愛知県西尾市一色町）＝コラージュ

年に「一色産うなぎ」が地域団体商標（地域ブランド）に登録され、引き合いが急増する中でのことだった。傷ついたイメージを払拭しようと打った手の一つが翌年の「うなぎまつり」への名称変更だった。

西尾市、幡豆町、吉良町と合併した11年をまたぐ14年まで6年間、「うなぎまつり」の名は用いられ、会場には一色町の人口を超える来場者が詰め掛けた。養鰻業者はニホンウナギの稚魚の不漁が深刻化し、稚魚の仕入れコストがかさむ中、短期間で成育させる養殖方法で、皮が柔らかく身に脂がのったウナギを生産し続けた。「現在も残る養鰻業者は数々の努力を積み重ねた精鋭」（高須重春兼光水

里帰りウナギ

稚魚を幼魚まで国内で育てた後、コストの安い海外で成育させて再輸入したウナギ。国外産のウナギを国内産として販売する産地偽装が相次いだ2000年代に合法的に国産として取引され、問題視された。法的には国内の養殖期間が長ければ国産と表示できるが、養殖履歴が把握しづらく、不透明な取引の温床になっていたとされる。08年に農林水産省が適正化を求め、業界は複数の国を経由したウナギは輸入ウナギとして扱うことを決めた。

産代表）とのプライドがある。

みなとまつりには、抹茶など一色町外の西尾市の特産品も並び、海鮮丼も目玉の一つとして初めて提供される予定だ。

一時は逆風にさらされ、町を挙げてイメージ回復に取り組んだ一大産地・一色町。自治体としての「一色」はなくなり、イベント名称からも「うなぎ」が消えた。今シーズンの稚魚池入れは割り当て量に届かず、「一色産うなぎ」の逆境は続く。

「イベント名は元に戻るだけ。より大事に稚魚を育てようと技術を高める養鰻業者の姿勢は変わらない」。一色うなぎ漁協の山本浩二参事（61）は、たんたんと語った。

（2015年5月19日・静岡新聞）

養鰻新時代

シンポジウム「私たちにできること」

池入れ量制限 当面継続

ウナギ資源の回復と関連産業の持続的振興を考える「ウナギＮＯＷ」シンポジウム（静岡新聞社・静岡放送主催、南日本新聞社、宮崎日日新聞社特別協力）が２０１５年４月19日、浜松市中区のプレスタワーで開かれた。パネリストを務めた水産庁の長谷成人増殖推進部長は、昨年秋にアジア４カ国・地域で合意したウナギ稚魚の「池入れ量」制限について、ニホンウナギが16年のワシントン条約締約国会議で貿易規制の対象になってもならなくても、稚魚の漁獲が回復しない限りは当面継続していく意向を示した。

水産庁は、16年の稚魚（シラスウナギ）漁期（15年冬〜16年春）の国内池入れ量を、養殖量上限を初めて設けた今期（15年漁期）と同じ「14年漁期の２割減」とする案を固め、６月の中国、韓国、台湾との国際協議で提示する方針。稚魚は近年不漁が続いているため、今後の漁獲動向次第では、さらに複数年にわたり池入れ制限が続く可能性もある。

ワシントン条約の締約国会議では、加盟国の提案があった場合、絶滅の恐れがある動植物の貿易規制などを審議する。長谷部長は「締約国会議で貿易規制が回避できたからといって、池入れ制限をやめるということにはならない。稚魚の漁獲をコントロールする池入れ制限の仕組みは重要」と強調。稚魚の不漁が続く間は、池入れ制限を活用して稚魚の漁獲回復を進める考えを述べた。昨年、届け出制が導入された国内養鰻業は、6月から許可制に移行する予定で、国はアジア4カ国・地域での国際協議と、国内の稚魚採捕、ウナギ漁業、養殖業の管理を一括で進める。

3紙が2月中旬から3月中旬にかけて主産4県の養鰻100業者に行ったアンケートでは、稚魚池入れ制限実施はどのくらいの期間が妥当かという問いに「今期(14年冬~15年春)限り」とした回答が27業者で最も多く「ワシントン条約の規制を回避するまで」が21業者あった。一方、20業者が「稚魚の漁獲が完全に回復するまで」と答えた。


(2015年4月20日・静岡新聞)

養鰻新時代

シンポジウム「私たちにできること」

「ウナギのために」今―稚魚流通透明化を 養殖にも力

ウナギは生き物か、食べ物か、売り物か―。「ウナギＮＯＷ」シンポジウムでは、利害が必ずしも一致しない研究者や養鰻業者らが、それぞれの立場からウナギを守るために「今、できること」を考えた。

基調講演を行った日本大学生物資源科学部の塚本勝巳教授（66）は「食べたい」「知りたい」「捕りたい」「売りたい」とウナギを扱う各業界の思惑を説明し、「（ウナギ保護に向けた）合意形成は難しい」と指摘した。その上で、「守るべきは組織や業界ではなくウナギ。将来を見据え、今できることを考えてほしい」と呼び掛けた。

パネル討論でも、研究、養鰻、料理店、行政の関係者が必要な方策について議論した。宮崎県の養鰻業大森仁史氏（63）は、一匹のウナギを大きく育てて全体量を増やす養殖方法を紹介。浜松市の老舗料理店「八百徳」の高橋徳一社長（65）も「ふんわりした良いウナギは、ある程度の太さが必要」との見解を示し、「日本の食文化を守らなくてはいけない」と資源回復を切望した。

日本養鰻漁業協同組合連合会の白石嘉男会長（64）＝静岡県吉田町＝は「稚魚の池入れ制限を守ることが最優先」とし、闇取引が横行する稚魚流通の透明化も求めた。水産庁の長谷成人増殖推進部長（57）は「利害が反する人をうまくつなぎ、結果を出すのが行政。天然ウナギを守るのと同時に、稚魚の完全養殖にも力を入れる」と語った。

（2015年4月20日・静岡新聞）

「私たちにできること」をテーマにパネリストが意見を交わした「ウナギNOW」シンポジウム＝4月19日午後、浜松市中区のプレスタワー

養鰻新時代

シンポジウム「私たちにできること」

共生へ立場超え一丸

ニホンウナギが2014年、国際自然保護連合（IUCN）から絶滅危惧種に指定され、ワシントン条約による国際取引規制が現実味を帯びている。輸入が規制されれば、養殖種苗（稚魚＝シラスウナギ）、活鰻、加工品とも輸入依存度が高い日本のウナギ関連産業や食生活への打撃は避けられない。水産庁は今漁期（14年11月～15年10月）からウナギ養殖を届け出制にし、中国、韓国、台湾と、養殖池に入れる稚魚の量に上限を設けた。16年漁期から養鰻は許可制になる。転換期を迎え資源管理が強化される一方、危機感とともに関心と保護機運が高まっている。「ウナギNOW」を連載中の静岡新聞社は4月19日、浜松市中区のプレスタワーでシンポジウム「私たちにできること」（南日本新聞社、宮崎日日新聞社特別協力）を開催した。小学生から高齢者まで県内外から約100人が参加した。

塚本勝巳（つかもと・かつみ）
東京大学名誉教授。専門は海洋生命科学。40年にわたってニホンウナギ産卵場調査に携わる。日本水産学会賞、日本農学賞、日本学士院エジンバラ公賞など受賞。東アジア鰻資源協議会長。岡山県出身。66歳。

■基調講演―塚本勝巳・日本大生物資源科学部教授

「守るべきはウナギ」合言葉に

ニホンウナギは、半世紀以上の研究が行われ、産卵場がマリアナ諸島海沖にあることが分かった。２００８年に水産庁が親ウナギ採取に成功し09年に天然ウナギの卵が発見され、産卵場の謎はほぼ解けた。次は産卵シーンの観察。広い海で雄と雌が出会うメカニズムを知りたい。産卵生態に関する事象をすべて明らかにするのがゴール。資源管理の基礎情報が得られ、完全養殖技術開発の参考になる。

研究は順調に進んでいるが、資源の減少はゆゆしき問題。シラスウナギは60年代に比べ世界的に減っている。原因は乱獲、河川環境の悪化、海洋環境の変動。ニホンウナギは国際自然保護連合の絶滅危惧種の科学的な基準の一つ、減少率が適用され絶滅危惧種になった。減り方が尋常ではないからだ。直ちに食べるなとは言わない。考えて食べてほしい。海の中の生物は容易に絶滅しないが、ウナギは少し特殊。海の彼方で産卵して、長い距離を回遊し陸にやって来る。この間に海流の変化や水温上昇などで日本にウナギが来なくなることはあり得る。

消費者は無意識な大量消費は控え、漁業者は資源保護の具体的な方策に協力する。行政は天然ウナギの全面禁漁や種名表示の義務付け、長期間の正確な統計調査をしてほしい。ウナギをめぐるそれぞれの立場があり合意形成は難しい。利害関係がある中で「守るべきは組織や業界ではなくウナギ」を合言葉に、将来を見据え今できることはすぐ始めよう。

◇パネリスト
■塚本勝巳・日本大生物資源科学部教授
■白石嘉男・静岡うなぎ漁協組合長、日鰻連会長
■高橋徳一・「八百徳鰻料理店」社長
■長谷成人・水産庁増殖推進部長
■大森仁史・大森淡水グループオーナー、NPO法人セーフティー・ライフ&リバー理事長
□コーディネーター　佐藤学・静岡新聞社経済部長兼論説委員

白石嘉男（しらいし・よしお）
1978年から養鰻業を営み、ブランドウナギの生産にも取り組んだ。前身の丸榛吉田うなぎ漁協組合長を経て2008年から現職。日本養鰻漁協連合会長、静岡県養鰻協会長も務める。静岡県吉田町出身。64歳。

◎資源管理

長谷氏―許可制でも参入は可能
白石氏―稚魚流通透明化が重要
大森氏―池入れ制限「仕方ない」

――ウナギ養殖が届け出制になり、東アジア4カ国・地域による資源管理が始動した2015年漁期は、まさに転換点だ。

長谷　ウナギが減った理由の一つとされる乱獲への対策は、国際的取り組みと国内の両輪で進める。国内は、ウナギ養殖業、稚魚採捕、ウナギ漁業のそれぞれへの対策を三位一体で推進する。天然シラスウナギを捕って養殖する側、川で親ウナギを捕る人たち、それぞれに当事者意識を促したい。

――3紙が実施した養鰻業者100社へのアンケートで、池入れ制限は賛否半々だった。

白石　その比率は実態と合っているのではないか。やむを得ない、という意味の賛成

高橋徳一（たかはし・とくいち）
1970年、浜松市中区の老舗「八百徳鰻料理店」(09年創業）入社。94年に4代目社長に就任した。2012年からは、浜松うなぎ専門店振興会会長を務める。浜松市中区出身。65歳。

だと思う。

大森　戸惑った人も多かったが、しょうがないということだろう。

――不満がくすぶり、さらに稚魚不漁という状況下、届け出制から1年で、養鰻業に許可制を導入する。

長谷　資源を回復させようという東アジアでの取り組みを進めるためだ。ただし、許可制によって新規参入を一切排除しようというわけではない。相続や会社の合併・分割、事業承継等で新しい人が入ってくることは可能な仕組みになる。

――16年には、絶滅の恐れのある動植物を国際取引を禁止することによって保護しようというワシントン条約締約国会議がある。海外からの圧力という受け止め方もある。

塚本　研究者の立場から、ウナギのことだけを考えれば、規制は良いことといえる。

――輸入が制限されると、どんな影響があると思うか。

白石　シラスウナギの輸入が制限されると、養殖業者の何割かは生産できなくなる可能性もある。業界にとって大変なことだ。

――一方、低価格の加工輸入品の出回りが減れば、国内生産者の価格形成力が強まるのでは。

白石　セーフガード要請に至った2000年の輸入量13万トンというのは、当時の国

長谷成人（はせ・しげと）
1981年、水産庁入庁。98年に宮崎県に出向し、漁政課長として養鰻振興やシラスウナギの密漁問題などに取り組んだ。漁場資源課長や資源管理部審議官などを経て2014年から現職。東京都出身。57歳。

内消費の8割以上という途方もない量だった。

大森　その背景には、シラスウナギを独占して日本の養鰻業をつぶしてしまおうという外国の戦略があったことを知っておいてほしい。

――両輪、三位一体の仕組みづくりを急ぐのは、外国からとやかく言われなくても資源管理は自分たちでできます、という意味もあるのか。

長谷　ワシントン条約による貿易制限は影響が大きく必要ないと考えるが、産業にしても食文化にしても、ウナギがあればこそ。池入れ制限は何年やったから終わりということではなく、ワシントン条約の対象になっても、ならなくても、資源を保全し回復を目指すことは変わらない。貿易規制が回避できたからやめるという話にはならない。

――資源管理の流れに合わせ、東海・四国の日本養鰻漁業協同組合連合会と九州の全国養鰻漁業協同組合連合会が統合する。

白石　業界挙げて池入れ制限を守っていく。重要なのは、不透明な稚魚の流通状況の改善。稚魚の流通を透明化させることができて初めて、資源が管理されているということを世界にアピールできる。

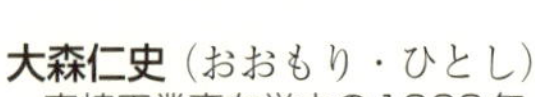

大森仁史（おおもり・ひとし）
宮崎工業高在学中の1969年、宮崎県新富町でウナギ養殖を開始。73年に大森淡水を設立、卸売業にも乗り出す。ウナギの資源回復を目指すＮＰＯ法人セーフティー・ライフ＆リバー理事長も務める。岡山県出身。

◎未来に向けて

高橋氏―天然親ウナギを海へ
塚本氏―子供の科学の心育む

――養殖業の管理強化だけでは、効果は限定的ではないか。

塚本　天然ウナギは禁漁に。遊漁者が10年くらい我慢すれば効果が期待できる。

長谷　放流したウナギを釣って川に親しむことにも価値がある。全面禁漁が必要だとは思わないが、産卵に向かう親ウナギの保護のための採捕禁止の動きが随分広がってきている。

高橋　浜松では3年ほど前から、浜名湖の天然の親ウナギを漁師から買い上げて放流している。漁業者、専門店、問屋、行政が一体になったこの取り組みが、ウナギ資源回復につながってほしい。

塚本　ウナギは養殖するとほとんどが雄になってしまうので、放流に天然ウナギを使うのは注目される。

大森　放流する養殖ウナギの雄雌を検査している団体もある。ＮＰＯ活動で、宮崎県美郷町に天然の河川環境にできるだけ近付けた研究池を設置した。天然環境での雌雄分化を研究し、健康的な親ウナギをつくっていきたい。

——うな丼が食べ続けられるよう、私たちにできることは。

大森　ウナギをもっと大事に扱っていく。大きく育てるほか、成育環境の向上、出荷時の品質保証などに取り組んでいく。

高橋　皆さんにできるだけ安く提供できるよう努力し、ウナギの食文化を守っていきたい。

——水産庁は。

長谷　乱獲防止のほか、河川の多自然化など生息環境の改善が大きな課題。ウナギのすみか『石倉』の設置など、他省庁と連携を進めながら、資源と産業と食文化を守っていく。人工種苗の開発も重視し、予算も増額した。

——日本大学のプロジェクト「うなぎプラネット」もスタートした。

塚本　多くの人にウナギの実情を知ってもらい、ウナギを守ろうという機運を盛り上げたい。ただ、子供たちまで危機感を抱く必要はないと思う。学校に招かれてウナギの生態や研究について出前授業をすると、子供たちの目がキラキラと輝く。ウナギの謎にワクワクする気持ちは、科学の心を育み、ウナギとの共生に道を開くはずだ。

◎危機感と保護機運

大森氏―大きく育成不漁に対応
長谷氏―国際ルール合意に2年

――シラスウナギ漁がほぼ終了した。取り決めた「池入れ」の上限量にも届かないようだ。鹿児島、宮崎に比べ、静岡の池入れ実績が低いようだ。

白石　静岡はあまり輸入に頼らず、地元で捕れた稚魚を中心に池入れする。地元で捕れなければ、上限以内で収まってしまう。ただ、地元で捕れたシラスがすべて地元の養鰻池に入っているかには、疑問もある。

――大規模経営ゆえの苦労があるのでは。

大森　育て方を変えた。これまで1匹180～200グラムで出荷していたが、不漁が続いたこの5、6年は220～250グラムに。稚魚がもっと少なくなったら、1匹400グラムぐらいにしても、流通や料理の仕方を変えていけば、皆さんの元に届けられる。

――専門料理店ではどうか。

高橋　仕入れるウナギが値上がりし、メニューを値上げした結果、客離れが起きた。ところが、絶滅危惧種指定の後、去年の夏は『ウナギが食べられなくなる』と思った人が多かったのか、全国的にうなぎ屋がにぎわった。去年からはファミリー層やグループ層が戻ってきている。仕入れ価格がこれ以上上がらないように、生産者の皆さんにお願いしたい。

――水産庁の危機感はもっと早かった。

長谷　12年に絶滅回避への緊急対策を打ち出した。その直近の3年、それまでにないレベルでシラスウナギが不漁だったからだ。絶滅危惧種指定や国際取引規制の可能性というのは、その後の話。稚魚の回復は日本だけでは実現しない。2年かけて合意した国際ルールは、昨年のようにたくさん捕れた時に採捕にブレーキがかかる仕組みだ。16年漁期の池入れ量も、15年漁期の数字をベースに議論していく。今はウナギの資源をなんとか回復させたい、安定させたいという思いで施策を進めている。

「ウナギNOW」シンポジウム　私たちにできること
（静岡新聞社主催　南日本新聞社、宮崎日日新聞社特別協力）
２０１５年４月19日　浜松プレスタワー17階ホール

地元経済に影響大きく

浜松市産業部農林水産業活性化担当参与・渡辺健治さん（49）

「本場のうな丼を食べたい」という観光客も多く、ウナギが浜松の経済に与える影響は大きい。ウナギ保護の機運が高まる中で、市民や業界の関係者が「何ができるか」を考えたのは非常にタイムリーだったと思う。浜名湖での親ウナギ放流事業も民間からスタートした取り組みで、放流の規模は年々大きくなっている。浜松の「やらまいか精神」を今こそ発揮したい。行政としてもさまざまな関係者と協力し、できることを進めていく。

世代を超え対策考える

磐田市竜洋漁業振興会会長・相場啓誉さん（76）

生まれも育ちも磐田市で、トラフグなどの漁師をしている。ウナギは天竜川でもよく見掛けた身近な存在だが、謎が多くて神秘的。息子がシラスウナギ漁をしていることもあり、とても興味がある。ウナギの資源保護に向けた取り組みとして、河川環境の改善も欠かせない。子供たちを対象に天竜川の生き物を紹介する講座を続けているが、ウナギと人間が共生するために何が必要なのかを世代を超えて考えなければならない。

海の中の面白い生き物

浜松市立新津小５年 林本野花さん（10）＝浜松市南区＝　広い海の中で、産卵場所へ泳いでいるなんて、面白い生き物だなと思った。しかし、少なくなってきていることを知って、とても残念だった。

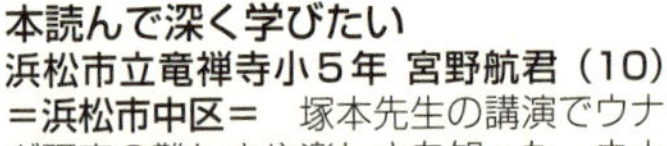

本読んで深く学びたい

浜松市立竜禅寺小５年 宮野航君（10）＝浜松市中区＝　塚本先生の講演でウナギ研究の難しさや楽しさを知った。ウナギを守るには僕たちに何ができるか考えることが大事だと思う。本を読んでウナギをもっと学びたい。

知らない謎に迫りたい

元教員 志村玲子さん＝静岡市駿河区＝

ウナギにはまだまだ知らない謎がある。もっとウナギについて理解を深めていくことが必要では。特に子供に知ってほしい。消費者としても、長期的な資源保護を考えながら味わうようにしたい。

～会場から～　聴講者の声

食文化保護へ情報発信

ＮＰＯ法人浜名湖クラブ事務局長・細川佳伸さん（32）

郷土のなじみのある食べ物が、年に１度くらいしか食べられない高級料理になってしまったら寂しい。消費者の一人として、ウナギを大切にする意識を強くした。地元の浜名湖周辺で行われている放流事業など各地の養鰻業者や行政が、資源保護に向けてさまざまな対策に取り組んでいるのは初耳だった。伝統のある食文化を守るため、ＮＰＯとして情報発信し、市民や観光客がウナギの現状を正しく理解する力になりたい。

今後の取り組みに注目

ウナギのすみかになる石倉かごに関わるフタバコーケン（静岡市清水区）伏見直基さん（42）

水産庁の長谷部長は「こうしたい」という姿勢が見えた。石倉かごや魚道設置の取り組みも「静岡県で話があれば支援できる」と言っていた。今後の水産庁の取り組みに注目したい。また、国交省との関係は縦割りではなく、横の連携をとりながらウナギ保護を考えてほしい。一方で各業界の立場もあると思うが、稚魚流通の透明化や研究、消費の問題点について具体的な方向性が出なかったのが残念だった。

業界全体で取り組みを

無職 村田充男さん（79）＝長泉町東野＝　不漁と言われているシラスウナギの流通の透明性を高めることが資源保護につながる。シラスウナギの価格高騰はいずれ消費者に跳ね返ってくるので、業界全体できちっと取り組んでほしい。

次世代の食の機会守る

主婦 森川文子さん（78）＝浜松市中区＝　私が子どもの頃は、ウナギは浜松駅前のお店で気軽に食べられるものだった。ウナギは今、ぜいたく品になってしまったが、次の世代の子どもたちも食べられるように資源を守っていこうと思う。

資源保護と食文化両立

養殖業 古橋知樹さん（32）＝浜松市西区＝　新たに始まった池入れの規制量が、県によって差が出ている点は不安に感じる。自分たちが携わる養殖レベルだけでなく、ウナギの資源保護と食文化の両立を皆でしっかり考えていかなくてはと感じた。

興味のきっかけは物語

浜松市立和地小５年 三代めいさん（10）＝浜松市西区＝　塚本先生が書いたウナギの物語を教科書で読んで、興味を持った。これまでウナギについてはあまり知らなかったが、今日の話を聞いて、なんとか増えていってほしいと思った。

第三部　うな丼クライシス（輸入と流通、消費）

ボーダーレス　1

中国・台湾ルポ（上）―和食人気で専門店続々

重箱ぎっしりにかば焼きを載せたうな重に、ウナギのサラダ、甘酢炒め、う巻き…。「ウナギは栄養が豊富。かば焼きは食べやすくておいしいのでまた来たい」

大型デパートやブティックが集まる台湾の台北市中山地区の一角に２０１４年８月に開店したかば焼き専門店「御成町浪漫鰻屋」。店内はたれの甘い香りが漂い、甲冑（かっちゅう）や番傘など〝和〟をイメージした装飾品が並ぶ。家族で訪れた中華料理店勤務の杜宗翰さん（43）はテーブルいっぱいに並んだウナギ料理を完食し、満足そうに笑みを浮かべた。

「台湾ではかば焼き専門店や日本料理店が相次いでオープンしている」と語るのは同店を手掛ける「永顧国際」の呉明韋社長（37）。念頭にあるのは16年のワシントン条約締約国会議だ。ウナギ総生産量の約９割が輸出の台湾にとって、「輸出が制限されたら国内消費しかない」。同社は養鰻業のほか、稚魚の卸売りや加工業にも参入してウナギ輸出の大手に成長したが、14年、台北市内にかば焼き専門店を２店開いた。「ウ

重箱ぎっしりにかば焼きが載ったうな重を提供する専門店「御成町浪漫鰻屋」＝4月中旬、台湾・台北市

ナギを高級食材から庶民のぜいたく食にしたい」と意気込む。

日本食ブームも相まってオープンから4月までに客足は3倍に伸びた。呉社長は「5年後には今の生産量では国内消費を賄えなくなる可能性もある」とみている。

世界最大の養殖ウナギ生産国・中国でも国内消費は増えている。福建省の大手ウナギ加工業「福清華信食品」の何能華社長（48）は「13～14年比で国内消費は10～15％増えた。生産量の約4割は国内向けだ」といわば「爆食い」の高まりを話す。養鰻が盛んな福建や広東、江西などの高級レストラン、郷土料理店では、漢方薬を加えたウナギの姿煮や、魚介のだしで食べるしゃぶしゃぶなどがメニューに並ぶ。春節などの行事に冷凍かば焼きを親戚や知人に贈る人もいるという。上海や重慶などの大都市の日本料理店では加工かば焼きの需要が高まっている。

意外だったのは、輸出先も多様化していることだ。「このかば焼きは米国に出荷する」。加工ラインを指さしながら、華信食品の劉文強常務副総経理（52）は強調した。米国からの注文以外に、ロシアや韓国への輸出も増えているという。

「世界のウナギの7割を日本が消費する」と言われ、資源枯渇の責任を追及される日本。一方で、ウナギ消費は世界に広がっている。

◇

多数の業者がかかわる輸出入や流通。複雑な商取引に、始動した日本、中国、韓国、台湾の資源管理の仕組みは機能するのか。国境（ボーダー）なきウナギの消費、流通の現状を追う。

（2015年5月20日・静岡新聞）

ウナギの栄養価

ウナギは血中のコレステロール値を抑制する良質な脂肪と、抗酸化作用のあるビタミンEを多く含んでいるため、動脈硬化などの生活習慣病を予防するとされている。ビタミンA、B2も豊富で、目や肌に良く、老化防止にも効果的。カルシウム含有量も多く、骨粗しょう症の治療にも役立てられている。

ボーダーレス　2

中国・台湾ルポ（中）―資源危機　日本と温度差

「ワシントン条約に向けてすでに各国の神経戦が始まっている。中国の業界リーダーである皆さんに、資源管理のアドバイザーになってほしい」。4月中旬、中国・福建省福清市で開かれた「日中鰻貿易会議」。日本鰻輸入組合の森山喬司理事長（73）＝東京都千代田区＝は語気を強めた。

日中の定期会議は、昨年まで夏の土用の丑（うし）の日に向けた市場動向や供給量、薬品問題などが主なテーマだった。ことしは、ニホンウナギの国際的な資源管理を日本側が議題に加えた。

このままニホンウナギがワシントン条約の対象になれば、輸出入が制限されて経営が直撃を受ける。「すべての種類のウナギを一括登録する情報がある」（森山理事長）ため、日本の貿易商の危機感は強い。

稚魚（シラスウナギ）の漁獲量減少や絶滅危惧種の指定を受け、日本、中国、韓国、台湾の4カ国・地域は2014年9月、稚魚の池入れ量を前漁期比で2割減とするこ

日中鰻貿易会議

1989年に中国産かば焼きから抗生物質オキソリン酸が検出され、輸出が止まったのをきっかけに、91年から始まった。「日中のウナギ業界の健全な発展」が狙い。日本側は日本鰻輸入組合の加入業者、中国側は加工・輸出、養鰻業者などでつくる「中国食品土畜進出口商会鰻魚分会」が参加している。毎年4月に開催し、薬物問題や、稚魚の池入れ量、活鰻、かば焼きの供給・需要量、価格などについて情報交換する。

とを決めた。ところが、池入れ制限の合意から半年以上たち、日本の稚魚漁シーズンが終わった今も、中国国内の管理策は定まっていない。中国食品土畜進出口商会の于露副会長（48）の報告では「政府農務部からまだ具体的な話はない。養鰻場の調査に時間がかかっているようだ」。

「ワシントン条約回避には、資源管理の実績が必要。われわれは協力したい」と日本側が熱意を示しても、中国側からは「年によって好漁の時もある」「異種を開拓すればいい」など楽観的な意見が飛び交った。会議後、福建省の加工業の社長（48）は「本当に困るのは日本の輸入業者と消費者だけ」と冷ややかに語った。

2年間の国際協議を経て資源管理を始めた4カ国・地域だが、温度差があるのは日中だけではない。台湾では、漁業署と台湾区鰻業発展基金会の主導により、基金会に登録した業者に対し、池入れ量と輸出許可量を割り当てた。しかし、台湾の業界団体には稚魚の池入れを制限する方法に根強い疑問が残る。

基金会の蔡秋栄会長（73）は「池入れ制限の前に、親ウナギの禁漁をすべき」と強調する。台湾には20年以上前から親ウナギの放流や禁漁に取り組んできた経験があるという。「今になって取り組みを始めた日本は資源管理の考えが甘い」と指摘した。

（2015年5月21日・静岡新聞）

ニホンウナギの資源管理について意識の差が浮き彫りになった日中鰻貿易会議＝4月中旬、中国・福建省福清市

ボーダーレス　3

中国・台湾ルポ（下）―禁輸の異種稚魚「10トン」

黒と透明のビニールが張られたハウス内のコンクリート池をのぞき込むと、約30センチほどまで成長したウナギが縦横無尽に泳ぎ回っていた。「これはヨーロッパウナギ。ニホンウナギに比べ育てにくいので適切な水温管理がより重要になる」。中国・福建省の山間地にある南平市で王台元禾淡水養殖場を営む林秀孝社長（56）は得意げに語った。

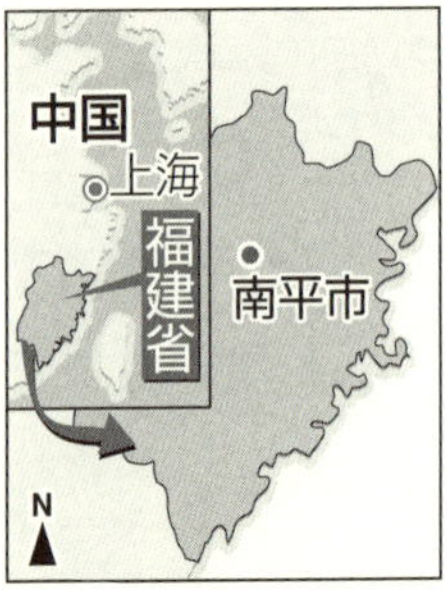

「ヨーロッパウナギ10トン」。２０１５年４月中旬に開かれた日本鰻輸入組合と中国の業界団体「中国食品土畜進出口商会鰻魚分会」の貿易会議で、中国の４月までの池入れ量が発表された。ニホンウナギ８トン、アメリカウナギ20トン以外に、ワシントン条約で国際取引が制限され、欧州連合（ＥＵ）が全面禁輸にしたヨーロッパウナギの池入れがあった。

「10トンのヨーロッパ種はどこから仕入れたのか。許可

ヨーロッパウナギを養殖する池。EUの禁輸措置後も池入れが続いている＝4月中旬、中国・福建省南平市

書はあるのか」。輸入組合の森山喬司理事長(73)が詰め寄ると、中国側は「いろいろな国から入れている」としどろもどろに。最終的には「はっきり分からない」とうやむやにした。

日本にはEUの禁輸後も中国からヨーロッパウナギのかば焼きが輸入されているが、中国側の説明では「規制前に入れた稚魚なので合法」。一方、「中国政府と業界団体の話し合いで、規制前のヨーロッパ種の輸出期限は2015年6月30日に決まった」という情報が、中国業者から日本の輸入業者に伝わっている。

日本側の心配は異種の混入だ。中国の養鰻池に投入されるアメリカウナギ

ヨーロッパウナギ
大西洋サルガッソ海付近で産卵し、北アフリカから北欧まで広く分布している。1994年に中国が養殖に成功し、ニホンウナギの代替品として日本に輸出されるようになった。稚魚や銀ウナギの漁獲量が減少し、2007年に野生動植物の保護を目的に国際取引を規制するワシントン条約の対象となった。09年に実際に規制が始まり、10年末に欧州連合（EU）が輸出を全面禁止した。08年には国際自然保護連合（IUCN）のレッドリストにも記載された。

の稚魚は中南米だけでなく、北米の海域でも採捕されている。国内の輸入業者からは池入れ時の混入可能性についての指摘が相次いだが、中国業者は「養鰻の過程で分離可能」と断言。しかし、過去にはアメリカウナギと指定して仕入れたかば焼きにヨーロッパウナギが交ざっていたこともあった。異種混入は日本の業者の信頼にもかかわる。森山理事長は「6月末以降、許可書がなければ違法」と念を押した。

ある貿易会社の幹部（68）は、「取引先は日本だけではない。許可書や種にこだわらない国もある」と強気だ。ワシントン条約による規制にもかかわらず、ことしも大量に中国の養鰻池に投入された〝正体不明〟のヨーロッパウナギ。果たして今後、日本の食卓に並ぶことは本当にないのか。業界の懸念は高まっている。

（2015年5月22日・静岡新聞）

▽インタビュー　陳文挙・日本大国際関係学部准教授

外食で「うな丼」中国でも

日本大学（本部・東京都千代田区）がウナギの保全を目的に本年度スタートした総合研究プロジェクト「うなぎプラネット」に国際関係学部（静岡県三島市）から参加している陳文挙准教授（経済学）が、中国のウナギ生産や消費などについて現地調査を進めている。これまでの成果を聞いた。

――これまでに行った現地調査は。

「2015年2月下旬に北部の山東省にある中国科学院海洋研究所を訪ね、国内の資源状況や養殖、消費の概況を聞いた。併せて消費の実態調査も行ったが、消費は予想以上に広がっているようだ。背景には日本料理の浸透や国内養殖の拡大があると推察している」

――実態調査はどうだったか。

「山東省の主要都市青島で日本料理店や海鮮料理店、川魚専門店を調査した。日

陳文挙（ちん・ぶんきょ）
中国山東省出身、経済学博士。専門は中国の経済発展と産業構造の変化など。日本大学国際関係学部専任講師を経て現職。

本料理店にはうな丼があり、海鮮料理店などでは丸々一匹やぶつ切りの炒め煮がメニューにあった。価格は高く、うな丼は刺し身や天ぷら定食の倍くらい。中国に進出している日本の有名牛丼チェーンでは、日本国内と違いウナギを扱っていなかった」

――これまでの感触は。

「ウナギは高級食材として認知度は高まっているが、まだ誰もが好んで食べる状況にはないようだ。ただ、刺し身や天ぷらが浸透したように、今後受け入れられていく可能性はある。ニホンウナギにワシントン条約による輸出規制がかかれば、国内消費を喚起する動きも出てくるのかもしれない」

――研究の今後は。

「これからが本番。養殖の中心地の南部の生産、加工現場や、できれば台湾も視察し、活鰻や加工品の日本向け輸出の現状を調べたい。経済学では、需要があれば供給があり、価格は市場が調整してくれるというのが基本的な考えだが、ウナギは資源が枯渇する可能性もあり市場任せにできない。商品として特殊で、興味深い研究対象だと感じている」

（2015年5月20日・静岡新聞）

ボーダーレス　4

韓国ルポ（上）―新技術導入し拡大一途

韓国有数の養鰻地帯、全羅南道咸平郡にある眞成水産（金永燮代表）のニホンウナギ養殖場。日本で主流のビニールハウス式から2015年3月、より効率的な経営を可能にする「高密度飼育循環ろ過式」という最新鋭の設備に刷新した。

金代表は「資金はかかったが、生産量を3倍に増やせる。この方式で韓国の養鰻はもっと成長する」と目を細めた。

そんな韓国養鰻の起こりには日本人が密接に関わっている。

国内約500の養鰻業者のうち約360業者が加盟する韓国養鰻水産業協同組合によると約40年前、ニホンウナギ稚魚（シラスウナギ）の買い付けに来た日本の業者が、全羅南道咸平郡周辺で日本向け幼魚生産を始めたのが発端。現地の人々は収益性の高さに目をむき、自ら養鰻に乗り出すようになった。

高密度飼育循環ろ過式

少ない面積で大量のウナギを飼育でき、韓国で標準的な約30平方メートルの円形水槽で最大、日本の3倍以上の3～4トンを生産できる。高濃度酸素溶解装置で水に酸素を溶かし込むため餌食いが良く、ビニールハウスの倍近いスピードで成長することもあるという。巨大なろ過施設による浄水、循環により、長年の経験が必要な水の管理が容易で、かつ施設内はほとんど自動制御されている。

ニホンウナギ生産量はピークの2009年に2万2千トン。日本の2万2400トンと肩を並べるまでになった。

しかし金代表の強気な言葉とは裏腹に、アジアの国々では天然稚魚の採捕量が激減している。それに伴い生産量は12年5400トン、13年4500トンと足踏みが続く。稚魚の約6割は輸入に頼っており、ワシントン条約で取引規制の対象になれば、大打撃は必至だ。

それでも国内約500業者のうち、欧州から伝わった新式に切り替えたのはこの10年で6割。金代表のように過半数の業者が拡大路線を突き進む。海を挟んだ隣国でありながら、資源枯渇が国民的関心事となっている日本とは、随分と意識に隔たりがある。

日韓双方の養鰻に詳しい韓国の業界関係者は「韓国は日本のように行政と業者が密接ではなく、具体的な指示も下りてこない。現場レベルでは稚魚の池入れ制限や取引規制の可能性について話題にも上らない」と明かす。

池入れ制限では日本は今期、韓国、中国、台湾との合意に基づき、国全体で前期比2割減に踏み切った。しかし合意が他国の末端まで徹底されていなければ、身を切る日本の業者の努力は意味をなさなくなってしまう。

韓国で導入が進む高密度飼育循環ろ過式の養鰻場＝5月9日、全羅南道咸平郡の眞成水産

韓国養鰻水協の羅珍虎組合長は「韓日中台が稚魚採捕、養鰻、消費の実態、量について情報をオープンにするのがまず第一。そこから皆が生き残る道を探る必要がある」。養鰻をめぐる危機的状況を、韓国の現場トップも分かってはいる。

（2015年5月23日・宮崎日日新聞）

ボーダーレス　5

韓国ルポ（下）―消費浸透　異種で補完も

韓国の光州広域市郊外にあるウナギ専門店「長寿鰻」は日曜日の夜、多くの家族連れらでにぎわっていた。家族４人で訪れた同市の銀行員宋現範さん（37）はテーブル席の炭火でウナギを焼きながら「子どもも大好物。精を付けたい時はこれが一番だよ」。ここ10年ほどで養鰻産業が成長してきた韓国は、日本に迫るニホンウナギの一大消費国でもある。

韓国養鰻水産業協同組合（約３６０業者）によると、近年の年間消費量は1万トン前後で推移。人口が約2・5倍の日本の3万3千トン（２０１３年）には人口割りでは及ばないが、同市最大規模のウナギ専門店「長命水産」の金鍾涥社長（53）によると、00年代以降の国内生産量の急伸に伴い、ソウルや釜山など大都市に専門店ができ始めたという。各店はこぞって老化や成人病予防などの効果をアピールし、ウナギ食が浸透。長命水産も４年前にオープンしたばかりだ。

こうした専門店では、白焼きを客が炭火であぶり、葉物野菜で包んで食べてもらう

多くの家族連れや団体客でにぎわう韓国のウナギ専門店「長命水産」。客は思い思いの薬味を付けて白焼きを楽しんでいた＝5月9日、光州広域市

のが一般的なスタイル。一度の食事で1人が平均330グラムを平らげる。日本のうな重1人前の120グラムの3倍近くと量が多いのが特徴だ。料金は日本円で2500円ほどになる。

金社長は「ウナギを食べるのはもう普通のこと。母の日などの記念日には特に売り上げが伸び、1日に300匹使うこともある」と話す。夏の盆時期に滋養強壮のため伝統的に犬肉を食べてきたが、ウナギがそれに取って代わりつつあるほどメジャーになった。

それだけに、東アジアでのニホンウナギ稚魚（シラスウナギ）の不漁は、金社長らにとっても死活問題。稚魚は輸入するが、他国産の活鰻や加工品が

韓国のウナギ食

韓国でウナギは「ベムチャンオ」（蛇のように長い魚）と呼ばれ、軽く粗塩をふった切り身を焼き肉のように炭火であぶって食べることがほとんど。表面がカリカリになるまで焼いたら、サンチュや大葉などと一緒に味わう。薬味はコチジャン、ニンニク、ショウガ、青唐辛子など。日本のかば焼きのたれに似たソースを塗って焼くこともある。ウナギが入ったチゲ（スープ）を一緒に出す店もある。

ほとんど入ってこない韓国では、十分なシラスウナギを確保し、国内の養鰻池を満たすことができなければ、せっかく高まってきたウナギ人気に水を差す。

最悪の事態に備え、韓国養鰻水協は比較的入手が容易で安価なビカーラウナギなど、異種ウナギの養殖も手掛け始めた。

韓国産ニホンウナギの日本輸出を試みるなど、両国のうなぎ食文化に明るい日系貿易会社幹部・李国炯さん（53）は「昔からウナギを食べてきた日本はニホンウナギ一辺倒だが、歴史が浅い韓国は異種ウナギに抵抗感は少ない。ちゃんと区別して安さをＰＲすれば、韓国での消費はまだまだ伸びる」とみる。

（２０１５年5月24日・宮崎日日新聞）

ボーダーレス・海外編

中国 台湾―生産意欲旺盛

第二部「ウナギ危機」の「養鰻新時代」は「池入れ量20％削減」など管理強化への対応を急ぐ養鰻業界を追った。「資源管理は、国内の対策と国際的な取り組みを両輪にして進める」と水産庁は説明する。シラスウナギの不漁と、その先のワシントン条約による国際取引規制の可能性を海外のウナギ業界はどう受け止めているのか。４月中旬、日本に大量の蒲焼き(かば)や活鰻を輸出している中国と台湾の養鰻場と加工場の旺盛な生産意欲を取材した。

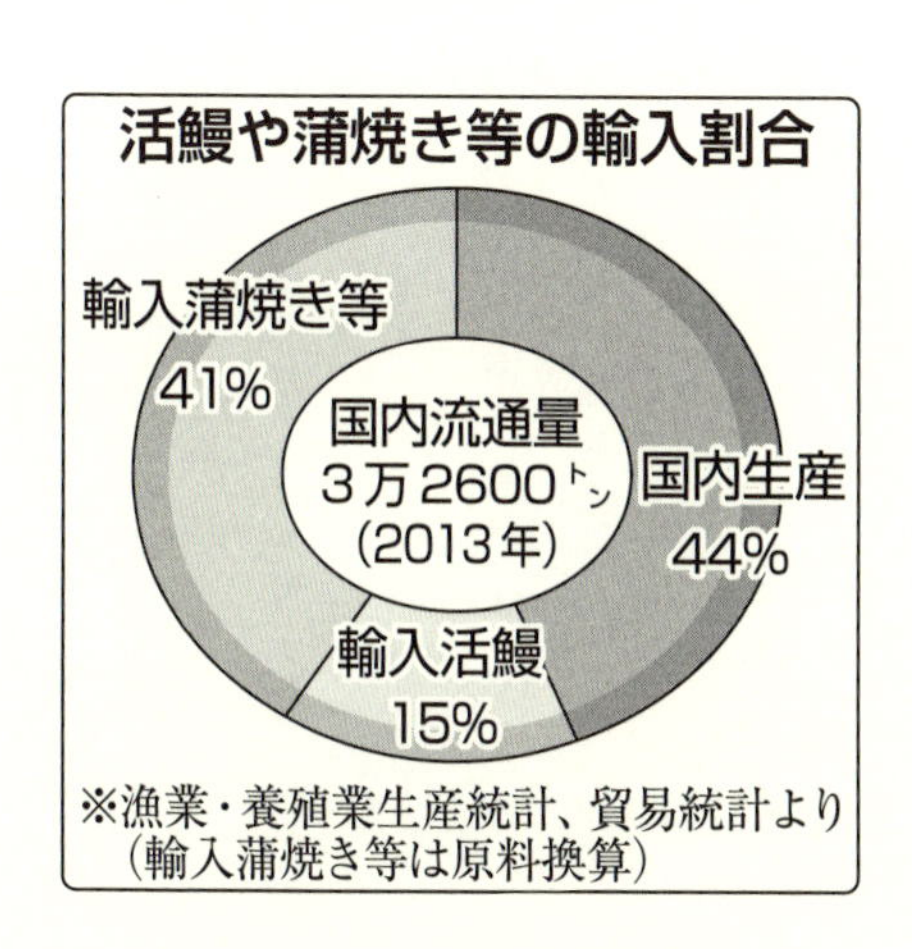

資源管理の国際合意

ニホンウナギは太平洋のマリアナ諸島沖でふ化した後、海流に乗って幼生（レプトセファルス）から稚魚（シラスウナギ）に変態し、中国、台湾、日本、韓国に流れ着く。ウナギ養殖は全てこの天然稚魚を種苗にする。稚魚の漁獲が激減したため、日本は中台韓に協力を呼び掛け、２０１４年９月、養殖池に入れる稚魚を直近の数量から20%削減することで合意した。

■養殖

露地池で3年じっくり育成—台湾・雲林県 呉明韋養鰻場

台湾中部の雲林県は最も養鰻業者の登録が多い地域だ。呉明韋養鰻場（呉明韋社長）は約6万平方メートルに20面の露地池がある。年間、80～100トンのニホンウナギを生産し、輸出量は台湾で最大規模。

餌は1日1回。稚魚からクロコ（幼魚）になるまでは栄養価の高い配合飼料に魚脂などを混ぜた練り餌を使うが、クロコ以降は浮き餌に変える。呉社長によると、餌の沈殿を防ぎ、水の衛生を保つためだという。池の面積が広い養鰻場を中心に浮き餌が好まれている。

台湾では露地養殖が主流で、3年かけてじっくり育てるという。ウナギの輸出などを管理する台湾区鰻業発展基金会（蔡秋棠理事長）の汪介甫事務局長によると、中部では稚魚の歩留まり（生存率）が7～8割で、南部は8～9割だという。

数年間続いた稚魚不足や、昨年から始まった池入れ制限は「経営への影響が予想以上にあった」と呉社長。昨年は台北市内に蒲焼き店を2店舗開くなど、経営の多角化に乗り出した。「シラスウナギの制限だけでなく、親ウナギの禁漁も重要」と現行の

▶ウナギの様子を見ながら餌やりする社員。広い池では水の衛生管理のため、沈殿しにくい浮き餌を使う業者が多い＝4月18日、台湾・雲林県

▲年間80～100トンのニホンウナギを生産する呉明韋養鰻場。鳥などの敵からウナギを守るためにネットが張られている

資源管理枠組みに注文を付けた。

技術、品質に「自信」―中国・福建省南平市 王台元禾淡水養殖場

中国のウナギ主産地、福建省福清市から北西へ約230キロ、高速道路を約3時間走ると、南平市に入る。市街地から山間部に向かって、さらに約40分、畑風景は一変し、広大な池が目に飛び込んでくる。王台元禾淡水養殖場（林秀孝社長）の露地池だ。周囲に民家や工場はなく静けさの中、水路から池に流れる水音が響く。池の総面積は約13万平方メートル。小さい池でも約5千平方メートルあり、対岸に立つ人の表情がはっきり見えない。土の露地池30面とコンクリートのハウス池10面で、年間約160トンのウナギを生産する。

「おいしいウナギの養殖は水が一番重要」と水にこだわる林社長。1996年に養鰻を始め、より良い環境を求めて10年前、ここに養鰻場を建てた。

地下約80メートルからくみ上げた地下水と、周囲の山から引いた湧水を養殖に使用する。年間の平均水温が21度前後の地下水はシラスウナギの育成には最適だという。冬でも加温は極力控える。湧水はきれいで「そのまま飲めるほど」。地下水と湧水の量を調整して温度管理する。

▲人里から離れた山間にある王台元禾淡水養殖場はウナギを年間計160トン生産する大規模養鰻場。池の総面積は約13万平方メートル。加温は控え、過密養殖も避けている＝4月16日、中国・福建省南平市

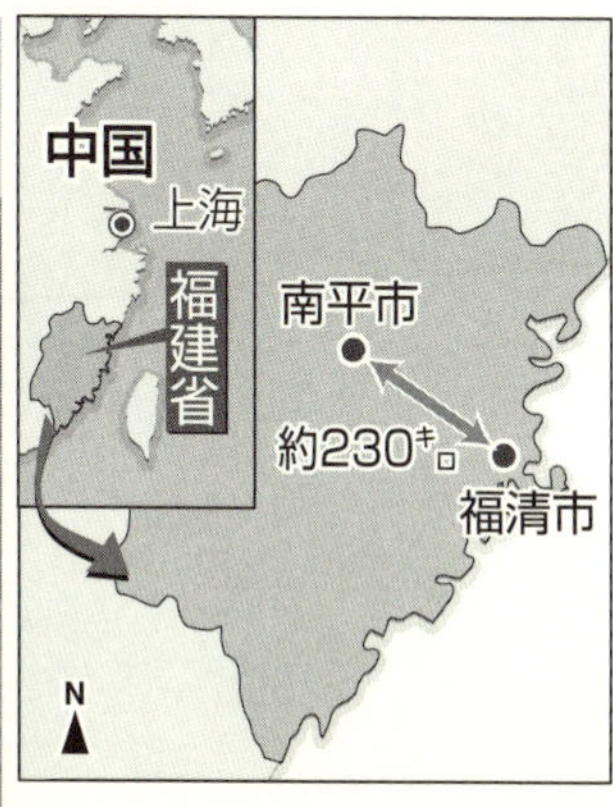

◀山から引いた湧水が流れる水路。林秀孝社長は「養鰻には水質が何より大事」と話す

餌は1日2回、配合飼料を使う。過密養殖は避け、最低でも1年半かけて養殖するため、「良質なウナギを提供できる」と自信をのぞかせた。

■加工

輸出まで検査5回―中国・福清市　福清華信食品

「養鰻場と提携しているので、輸出まで一括した品質管理が可能」。福清市の大手ウナギ加工業福清華信食品（何能華社長）の原料部担当、呉进文さん（37）はこう強調する。2000年代前半の残留薬物問題で、多くの業者が倒産する中、蒲焼きの原料となる安全なウナギの確保は加工業者にとって最大の課題となっている。

自社養鰻場を含め、12の養鰻場と提携する同社は、各地の養鰻場に社員が出向いて水質検査に立ち会う。ウナギの検査は池出し、工場搬入時、加工後などに行われる。品質管理部の担当者によると、中国政府による検査を含めると、輸出までの検査は計5回。高性能の検査機器を導入し、合成抗菌剤、農薬、重金属などの有無を調べ、「安全性を担保している」（何社長）という。

加工ラインの作業員の衛生管理も徹底している。繁忙期には1日に13~15トンの蒲焼きを生産する同工場は約140人の作業員が働く。手洗いの手順から、爪の長さまで厳しくチェックを受けるという。加工の中でも、最後の梱包(こんぽう)は、品質を最も左右する。無菌状態の中で、異物などが混入しないよう、作業員の表情にも厳しさが増す。

(2015年5月2日)

各地の養鰻場から輸送されてきたウナギを保管する立て場。作業員がサイズを分別し、加工場に運ぶ=4月15日、中国・福建省福清市の福清華信食品

焼き加減を確認する作業員。同社の工場では、繁忙期には1日に13〜15トンの蒲焼きを生産する

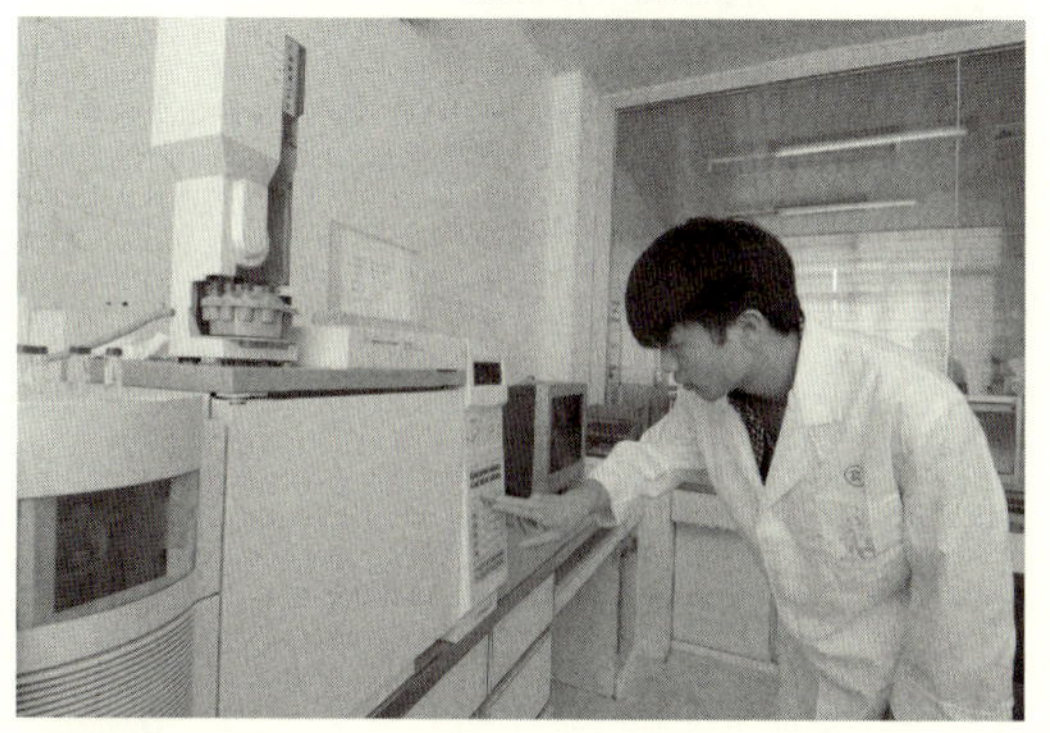

残留農薬の検査をする社員。合成抗菌剤、重金属などの有無も調べる

ボーダーレス・海外編

国境越え人気食材

日本、中国、韓国、台湾に生息するニホンウナギは2014年、国際自然保護連合（IUCN）に「絶滅危惧種」として指定され、ワシントン条約による国際取引規制が現実味を帯びている。この4カ国・地域の連携が動き出したが、ウナギ消費も国境を越えて広がり、アジアに根付き始めている。ニホンウナギの資源回復は日本だけの問題ではない。海外で「今」、何が起きているかを取材した。

養殖 自動化進む「生産工場」——全羅南道

韓国・光州広域市の中心部から車で約1時間。田園風景が広がる海沿いの全羅南道咸平郡に、同国で導入が進む「高密度飼育循環ろ過式」の養鰻場「眞成水産」（金永代表）がある。

施設内は日本の養鰻場と違い、池の水に直接酸素を注入しているため、水を攪拌（かくはん）させるための水車がなく、音もほとんどしない。照明は薄暗く、約30平方メートルの円形水槽30個が並ぶさまは、まるで何かの実験施設を思わせる。これだけの規模の施設をたった2人で管理しているという。

施設の心臓部は、観賞魚用水槽のろ過器を巨大化させたようなろ過施設。養殖水槽から排出された汚れた水は、ろ過プールに送られ、プール内のろ材や各種バクテリア

高密度飼育循環ろ過式の養鰻場。円形の水槽で、比較的水が澄んでいるなどの特徴がある＝5月上旬、全羅南道咸平郡の眞成水産

によって浄化される。汚れがひどい時には「ドラムスクリーン」と呼ばれるろ過機が自動的に稼働する仕組みだ。水を加温するボイラーを含めてオール電化されている。池をのぞき込むと、シラスウナギ（稚魚）が少し大きくなったものから、中型までのニホンウナギが、大きさごとに分けられて活発に泳いでいる。ろ過が行き届いているためか、水は日本より澄んでいる印象。成鰻まで育ったウナギは水槽の底から敷地内にある出荷場に吸い出される。「ウナギの生産工場」という言葉がぴったりだ。

金代表は「手を使う作業はあまりなく、人は目視で確認するだけ。この最新の技術は、これまで3K職場で人が集まらなかった養鰻業の救世主でもある」と笑った。

肉厚白焼きに香る薬味―韓国・光州広域市

養鰻の盛んな韓国南西部の最大都市、光州広域市郊外にある市内最大級のウナギ専門店「長命水産」。店の入り口横で金鍾湧社長（53）が焼くウナギの白焼きは、日本のかば焼きに使うサイズより格段に大きく肉厚だ。隣の部屋に据えられた水槽には丸々と育ったニホンウナギが泳ぐ。従業員はウナギを慣れた手つきでまな板に載せ、千枚通しで固定、あっという間に骨を取り除いた。さばき方は日本と全く同じだ。

3人分の切り身1キロを注文すると、軽く焦げ目が付いたウナギが炭とともにテー

▲韓国ではかば焼きではなく、炭火であぶって味わうのがほとんど。さまざまな薬味を付け、葉物野菜に包んで食べる＝光州広域市の「長命水産」

▶昼時、次々と入る注文に合わせてウナギを焼く「長命水産」の金鍾浯社長。日本で食べるかば焼きよりサイズが大きいのは、１回当たりの食事で消費量が多い韓国ならでは＝５月上旬、光州広域市

ブルに運ばれてきた。店員は手際良く幅3センチほどにカット。ウナギをひっくり返すたびに余分な脂が炭に落ち、食欲をそそる香りが漂う。勧められるまま、サンチュと大葉に包んで食べる。ウナギ独特の脂の強いうま味が口いっぱいに広がった。コチジャンやワサビじょうゆ、ニンニク、ショウガ、青唐辛子など、多彩な薬味で味が変わるのは、かば焼きになじんできた日本人にとっては新鮮な体験。

後日訪れた別のウナギ専門店の名前も、健康食を前面に打ち出した「長寿鰻」。店内はウナギの効能が書かれた張り紙で覆われ、ニホンウナギを使っていることをアピールするポスターもあった。

スーパーやコンビニエンスストア、ファストフード店でもウナギが売られている日本と違い、専門店での消費が中心の韓国。市内最大の市場「良洞市場」の片隅で生きたウナギが売られているのを目にしたぐらいで、自分で調理、あるいは焼き身をテイクアウトするなどして家で食べる習慣はないようだ。

良質な脂肪分 調理多様——中国・福建省

中国のウナギ養殖、加工の拠点、福建省福清市。地元住民でにぎわう中心街に同地域の家庭料理を手軽に味わえると評判の「第一家」がある。

ウナギのトウバンジャン炒め（手前）とウナギスープ。中国では多様な食べ方がある＝４月中旬、福建省福清市

人気が広がっているウナギの火鍋。器に豪快に盛りつけるのが好まれている＝４月中旬、福建省福清市

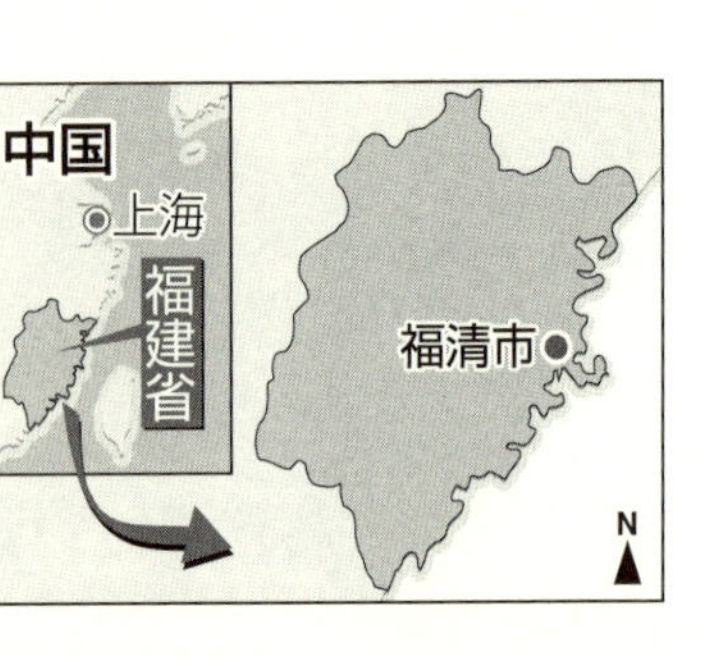

食材と調理方法を自由に選べるのが同店の特徴。注文後、しばらくするとウナギのトウバンジャン炒めと、スープが運ばれてきた。甘い福清産のトウバンジャンとウナギがよく絡み、白米との相性も抜群で箸が進んだ。

さばいたウナギを1匹、そのまま漢方と一緒に煮込んだスープは、あっさり味で食事の締めには最適の一品。ウナギ加工業華信食品の原料担当呉進文さん（38）によれば、「中国のウナギの脂肪分は、良質で食べやすい」という。

オフィスビルや高級ホテルが立ち並ぶ清昌地区の「福清冠発君悦大酒店」で人気なのは海鮮火鍋。3センチ幅に切ったウナギを、魚介のだし汁にくぐらせて食べる中国風しゃぶしゃぶだ。黒酢じょうゆにパクチーなど好みの薬味を入れたたれで食べるのが主流だという。

煮る、炒める以外にも揚げたり、蒸したりと、ウナギの味わい方はさまざま。子供の頃からよくウナギを食べているエステ店店員の李慶華さん（25）は「素材の味を生かし、栄養が凝縮されたスープが一番おいしい」と笑顔を見せた。

（2015年6月2日）

ボーダーレス　6

稚魚空輸—産地不透明な「香港産」

福岡空港（福岡市）と中部国際空港セントレア（愛知県常滑市）。鹿児島、宮崎、愛知、静岡といったウナギ産地が近い両空港は稚魚（シラスウナギ）輸入の2大窓口となっている。

「国内志向の〝国産神話〟は稚魚にはない」。輸入に長年関わる問屋はそう語り、漁期の11月から4月は空港に何度も車を走らせる。

「養鰻業者から注文が入ると、台湾や中国に連絡を取り、価格を業者に打ち返す。納得すれば契約成立」。口約束の数日後には、香港経由で輸入された「台湾産」「中国産」の稚魚が国内の養鰻池を泳ぐ。

鹿児島県内のある養鰻業者も「シラスに国境はない」と言い切る。稚魚は産卵場のマリアナ諸島沖から海流に乗って北上し、台湾や中国、日本などの近くで採捕される。「捕る場所が違うだけ。質が良ければ産地にこだわらない」。実際に海外産のみを池入れした年も多いという。

ニホンウナギ稚魚の輸入

国内での稚魚採捕量の減少を補う形で、主に台湾、中国産とみられる稚魚が香港経由で空輸される。水産庁によると、2003年漁期（02年11月～03年5月）には、池入れされた稚魚26トンのうち輸入は1・6トン（6%）だったが、14年漁期は、27トンの池入れに対し9・7トン（35%）に増えた。国内で不漁だった13年漁期は輸入が約6割を占めた。

２０１４年漁期（13年11月～14年5月）で、国産稚魚でまかなえたのは国内池入れ量27トンの6割余り。九州内の養鰻業者は「池入れできないことは、1年間商売できないことを意味する。輸入はやむを得ない」と話す。

夏の土用の丑の日までの半年間で出荷する単年養殖の業者も、養殖期間の確保のため、日本より1カ月早く捕れる台湾産に依存せざるを得ないのが現状だ。

だが日本の稚魚輸入のほとんどを占める香港経由の輸入は、矛盾もはらむ。台湾は07年から稚魚輸出を禁止（11～3月）。中国でも輸出には政府許可が必要で25%の関税もかかり、直接取引のハードルは高い。そもそも香港で稚魚は捕れない。

南九州の60代の養鰻関係者は「香港産は1匹もいない」と説明。香港への〝密輸〟をほのめかす。不透明さが残る取引を通し、「香港産」として日本に輸入されることに、水産庁は「正当な国際取引だが、全てが香港産と考えるのは難しい」と歯切れが悪い。「不透明な取引が続けば国際社会から『貿易制限によって資源管理すべきだ』と判断されかねない」とみる関係者も少なくない。ワシントン条約の国際取引制限対象となることを危惧する声も上がる。

日本養鰻漁業協同組合連合会の白石嘉男会長（64）＝静岡県吉田町＝は「台湾と直接取引できるよう努力している。国産、輸入を含めて、稚魚流通の透明化を図らねばならない」と語った。

（2015年5月25日・南日本新聞）

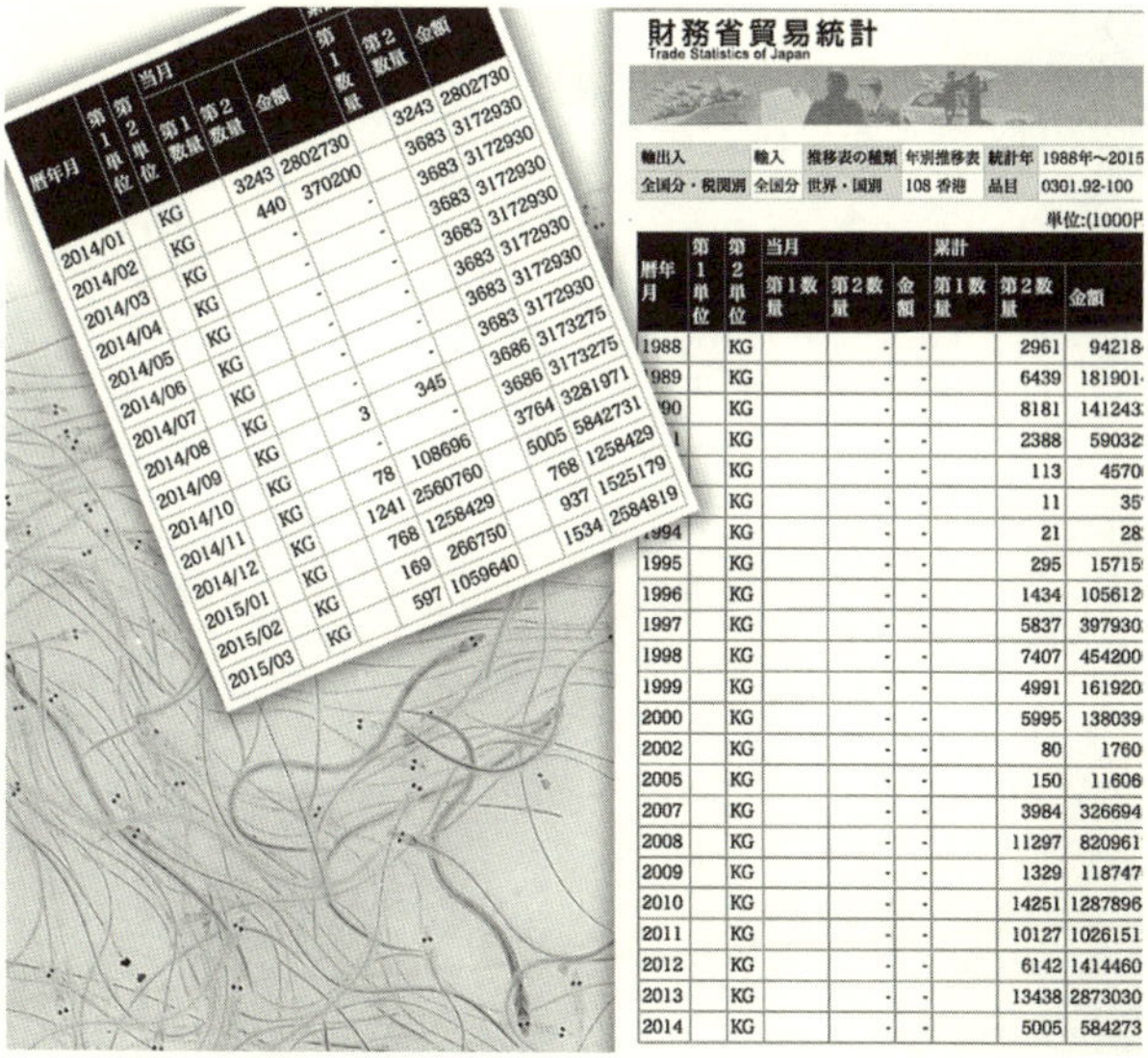

暦年月	第1単位	第2単位	当月			累計		
			第1数量	第2数量	金額	第1数量	第2数量	金額
2014/01		KG		3243	2802730		3243	2802730
2014/02		KG		440	370200		3683	3172930
2014/03		KG		-	-		3683	3172930
2014/04		KG		-	-		3683	3172930
2014/05		KG		-	-		3683	3172930
2014/06		KG		-	-		3683	3172930
2014/07		KG		-	-		3683	3172930
2014/08		KG		-	345		3683	3173275
2014/09		KG		3	-		3686	3173275
2014/10		KG		-	-		3686	3173275
2014/11		KG		78	108696		3764	3281971
2014/12		KG		1241	2560760		5005	5842731
2015/01		KG		768	1258429		768	1258429
2015/02		KG		169	266750		937	1525179
2015/03		KG		597	1059640		1534	2584819

財務省貿易統計
Trade Statistics of Japan

輸出入	輸入	推移表の種類	年別推移表	統計年	1988年〜2015
全国分・税関別	全国分	世界・国別	108 香港	品目	0301.92-100

単位:(1000

暦年月	第1単位	第2単位	当月			累計		
			第1数量	第2数量	金額	第1数量	第2数量	金額
1988		KG		-	-		2961	94218
1989		KG		-	-		6439	181901
1990		KG		-	-		8181	141243
[illegible]		KG		-	-		2388	59032
[illegible]		KG		-	-		113	4570
[illegible]		KG		-	-		11	35
1994		KG		-	-		21	28
1995		KG		-	-		295	15715
1996		KG		-	-		1434	105612
1997		KG		-	-		5837	397930
1998		KG		-	-		7407	454200
1999		KG		-	-		4991	161920
2000		KG		-	-		5995	138039
2002		KG		-	-		80	1760
2005		KG		-	-		150	11606
2007		KG		-	-		3984	326694
2008		KG		-	-		11297	820961
2009		KG		-	-		1329	118747
2010		KG		-	-		14251	1287896
2011		KG		-	-		10127	1026151
2012		KG		-	-		6142	1414460
2013		KG		-	-		13438	2873030
2014		KG		-	-		5005	584273

国内で捕れた稚魚（シラスウナギ）と、香港からの輸入量を示す財務省の貿易統計（コラージュ）

ボーダーレス　7

中国産仕入れ―欧州種に「6月末期限」

今年の土用の丑商戦で中国産ヨーロッパウナギを仕入れるかどうか―。ウナギの輸入、流通関係者の間で、中国産ヨーロッパウナギの仕入れ動向に注目が集まっている。中国が6月30日を期限に、輸出に必要な政府証明を発行しないとの情報が、国内業界団体にもたらされたからだ。

これまで国内スーパーや外食チェーンで安価なかば焼きとして販売されてきた中国産ヨーロッパウナギ。7月24日の土用の丑を前に、業界各社の対応は分かれている。「ヨーロッパ種で土用の丑の分を確保できた」と安堵するのは、回転ずし店「くら寿司」を展開するくらコーポレーション。セブン-イレブン・ジャパンは「現在検討中だが、ヨーロッパウナギは仕入れない方向」（広報）。イオンやイトーヨーカ堂、西友、ローソンは不使用だ。

中国業界団体によると、中国国内では今年、ヨーロッパウナギの稚魚10トンが池入れされた。今後1～2年で数千トンのかば焼き製品が、海外か国内に出荷されること

輸入された中国産ニホンウナギの出荷前の選別作業＝5月21日、静岡県内

になる。「中国政府の輸出証明が出なければ当然、日本には輸入されない」と日本の輸入業者は説明するが、「本当に輸出がゼロになるのか」といぶかしむ。

一方で中国産ニホンウナギも、将来安定的に輸入し続けられるかは不透明な状況だ。2016年のワシントン条約締約国会議で国際取引規制種となれば、ヨーロッパウナギ同様に輸出国の証明書が必要になり、輸出入のハードルは確実に上がる。日本鰻輸入組合の森山喬司理事長(73)は「もしそうなれば、国内輸入業界にとって死活問題だ」と悲壮感を漂わせる。

輸入が滞って困るのは輸入業者だけ

ウナギ加工品・活鰻の輸入

日本はニホンウナギやヨーロッパウナギなどのかば焼き製品、ニホンウナギの活鰻（生きたウナギ）を中国、台湾などから輸入。輸入量は平成に入って急増し、2000年には計約13万トンに達した。07年にヨーロッパウナギがワシントン条約の国際取引規制を受けてから急減し、14年は約2万トン。近年はアメリカウナギやビカーラウナギのかば焼きも輸入されている。

ではない。かば焼きや活鰻の卸業者や加工業者、飲食店など、輸入ウナギで生計を立てる業界の裾野は広い。中国や台湾から活鰻を輸入する県内の水産卸業者は「今後、ニホンウナギの資源量が回復しなければ、国別の輸入割当制が導入される可能性もある」と懸念する。

中国産ニホンウナギを扱う専門店も国内に一定数存在する。静岡県内のある専門店主は「安全に飼育された中国産は、体脂肪率が高くて小骨も柔らかく、国内産よりおいしい」と断言する。「国産だけでは仕入れ値が高くて商売にならない。ニホンウナギがワシントン条約の対象になったら、値上げせざるを得ない」

（2015年5月26日・静岡新聞）

ボーダーレス　8

「うな丼」チェーン―調達不安でも価格勝負

昼時のレストラン街に炭火で焼いたウナギの香りが漂う。においの元は、静岡市駿河区の大型施設内のうな丼チェーン「うな政」。誘われるように子ども連れや会社員らが入店し、注文から数分でテーブルに看板メニューのうな丼が並んだ。

「専門店は敷居が高い。家族連れが気軽に食べられる価格でウナギを提供したい」。うな政は2006年、不動産やラーメンチェーンを展開する高田企画（静岡県富士市）の高田清太郎社長（62）の肝いりで始めた新規事業。ピーク時には6店舗あったが、スクラップアンドビルドを重ね、現在は3店舗を直営する。

メニューには示していないが、使用しているのは商社を通じて中国内陸部の養鰻加工場から仕入れるニホンウナギ。単価の安いサイズを使うことで価格を抑え、うな丼580円で開業したが、稚魚の不漁に伴う仕入れ価格の高騰で、これまでに2度値上げし、今は880円となった。

「うな丼だけではやっていけない時が来るかもしれない」と、メニューに豚肉のか

うな丼

1865（慶応元）年刊の「俗事百工起源」によると、江戸・文化年間（1804〜17年）に芝居小屋が立ち並んでいた現在の東京・人形町で、歌舞伎小屋のスポンサーが出前の運ばせ方として発案したとされる。近年は、外国産加工品の流通で大手どんぶりチェーンや弁当チェーンでも「うな丼」「うな重」を取り扱う。関西地方には、白米の間にかば焼きを挟んで蒸しを入れたうな丼「まむし」がある。

ば焼き丼や鶏丼も加えた。資源保護に揺れる中で安定調達に不安もあるが、「ジャポニカが駄目なら異種もある。ウナギの生態は謎が多く、資源枯渇は正直ぴんとこない」と高田社長。今後も「いい場所さえあれば」と出店意欲は旺盛だ。

千円以下のうな丼は、全国展開の大手外食チェーンでも、土用の丑（うし）に向けてメニューに取り入れ始めている。流通各社の多くが使用してきた調達コストの安いヨーロッパウナギは国際取引規制が厳格化。各社の仕入れの状況は今期、様変わりしている。

すき家を展開するゼンショーホールディングスは今期、ヨーロッパ種から中国産ニホンウナギに一本化したが、価格は前年より19円安い780円に抑えた。吉野家も今夏は中国産ニホンウナギに統一。昨シーズンは730円で販売していたが、「今期は発売日を含めて調整中」（企画本部）と、戦略を巡らせる。今夏もヨーロッパ種を使うくら寿司のくらコーポレーションは580円。圧倒的な安さで差別化を図り、「前年比1・2倍の販売を目指している」と意気込む。

安さと早さが売りのどんぶりチェーン。大量消費の象徴とも見られる「格安うな丼」は国際的な資源管理の波の中で、生き残りの道を模索する。

（2015年5月27日・静岡新聞）

会社員や子ども連れが次々と昼食に訪れる「うな政」。中国産ニホンウナギを使い、うな丼は880円＝5月19日、静岡市駿河区

ボーダーレス　9

カウントダウン―資源外交　問われる成果

「資源管理をより強固にするために、早期に法的拘束力のある枠組みをつくろう」。2月初旬、都内の水産庁別館庁舎。集まった中国、台湾、韓国の政府代表を前に、農林水産省の宮原正典顧問（59）は英語で協力を求めた。

それから4カ月。2015年6月1日、札幌市でアジア4カ国・地域の会合が再開される。4カ国・地域の養鰻団体などが民間ベースで資源管理を進める国際組織「持続可能な養鰻同盟（ASEA）」の初会合も併せて開く。16年のワシントン条約締約国会議で、ニホンウナギの国際取引規制種指定を回避できるのか。締約国による指定の提案期限は16年春とされ、日本に残された時間は少ない。

4カ国・地域が合意した「法的拘束力のある枠組み」とは、そもそもどのようなものか。日本はこれまでマグロなどで資源管理条約を複数の国と締結している。今回のウナギについてはまだ条約か協定か、最終的な形は決まっていない。しかし、水産庁幹部は「例えば稚魚の池入れ上限量を超える違反があった場合に当該国からの輸出入

法的拘束力のある資源管理枠組みの成立を目指す４カ国・地域の国際会合であいさつする農林水産省の宮原正典顧問（右）＝２月初旬、都内

を制限するなど、貿易制限まで視野に入れている。外務省や経済産業省とも連携し、海外にも取り組みを発信する」と自信を見せる。ただ、16年までに間に合うかについては明言を避けた。

約１８０カ国・地域が集まる締約国会議は、資源の現状を示す科学的データと、各国の多数決の原理で動く資源外交の場だ。自然保護団体などＮＧＯもオブザーバー参加可能とみられ、今後の各国の動きは「予断を許さない」（水産庁）。

貿易管理や資源量管理などの目に見える成果を、日本は発信できるのか。国内業界からは危惧する意見が目立つ。「水産庁の基本は生産者保護。資源を最優先とする手法は本来不得手では」と国内流通業者。稚魚が捕れないはずの香港からの稚魚輸入についても「欧米諸国も当然知っているはず。攻められたら痛い」（県内養鰻業者）との声もある。４カ国・地域の足並みもそろっているとは言えず、中国や韓国の業界関係者は「国から情報が届いていない」と対応の不備を認める。

締約国会議は２年に１度。16年に国際取引規制を回避しても、18年、20年と審判の時は続く。資源回復を数字で証明し、未来への戦略を明確に示すことができない限り、ニホンウナギの規制が必要と考える海外の包囲網が解けることはない。国境を超えた日本のリーダーシップが問われている。

（２０１５年５月28日・静岡新聞）

ワシントン条約締約国会議

ワシントン条約の略称は「ＣＩＴＥＳ（サイテス）」。次回会議は2016年秋に南アフリカで開催予定。国際取引が規制される「付属書」への掲載は、締約国（単独でも可）が150日前までに提案し、本会議で締約国の３分の２以上の賛成で決まる。付属書１に分類されると、学術利用以外の全ての商業取引が禁止となる。付属書２では、科学的助言に基づく輸出国発行の許可証が必要。ヨーロッパウナギは07年に付属書２に掲載された。

ボーダーレス
インタビュー

資源管理、国際取引に課題

機能させたい国際枠組み

日本、中国、台湾、韓国のアジア4カ国・地域は2014年9月、ウナギ稚魚を養殖池に入れる量の制限などで国際合意し、管理強化に向けた協議が続く。16年のワシントン条約締約国会議で、ニホンウナギが国際取引規制種となる可能性も指摘される中、4カ国・地域は世界を説得し得る資源管理体制の構築を迫られている。日本鰻輸入組合の森山喬司理事長（73）、東京海洋大学の勝川俊雄准教授（42）の2氏は、貿易管理の強化、資源量の把握が必要と指摘する。6月初旬の会合再開を前に、4カ国・地域の置かれた現状を再考する。

ウナギ資源をめぐる最近の主な動き

２００７年	ヨーロッパウナギの取引がワシントン条約の対象になる 台湾がシラスウナギ１３グラム以下の輸出を禁止（１１月～翌年３月）
０８年	国際自然保護連合（ＩＵＣＮ）がヨーロッパウナギを絶滅危惧種に指定
０９年	ワシントン条約によりヨーロッパウナギの輸出規制始まる
10～12年	国内のニホンウナギの稚魚漁獲量が１０トン割れ
１２年６月	水産庁が「ウナギ緊急対策」発表
９月	日本、中国、台湾が国際的資源管理の議論開始
１３年２月	環境省が国内版レッドリストでニホンウナギを絶滅危惧種に指定
９月	国際的資源管理の協議に韓国とフィリピンが加わる
１４年３月	水産庁が都府県にシラスウナギ採捕期間短縮を要請
４月	水産庁、養鰻場造成に対する支援を行わないことを決定
６月	ＩＵＣＮがニホンウナギとボルネオウナギを絶滅危惧種に指定
６月	内水面漁業振興法が施行
９月	日本、中国、韓国、台湾が稚魚池入れ量の前期比２割削減に合意
１０月	全日本持続的養鰻機構が設立
１１月	ウナギ養殖が届け出制になる。池入れ量上限は２１．６トン
１１月	ＩＵＣＮ、アメリカウナギも絶滅危惧種に指定
１５年２月	日中韓台がウナギ資源管理に関する法的枠組みについて議論開始
４月	国内採捕期間終了。池入れ実績１８．３トン
５月１５日	ウナギ養殖の許可制移行を閣議決定

政府が描く「資源管理」の仕組み

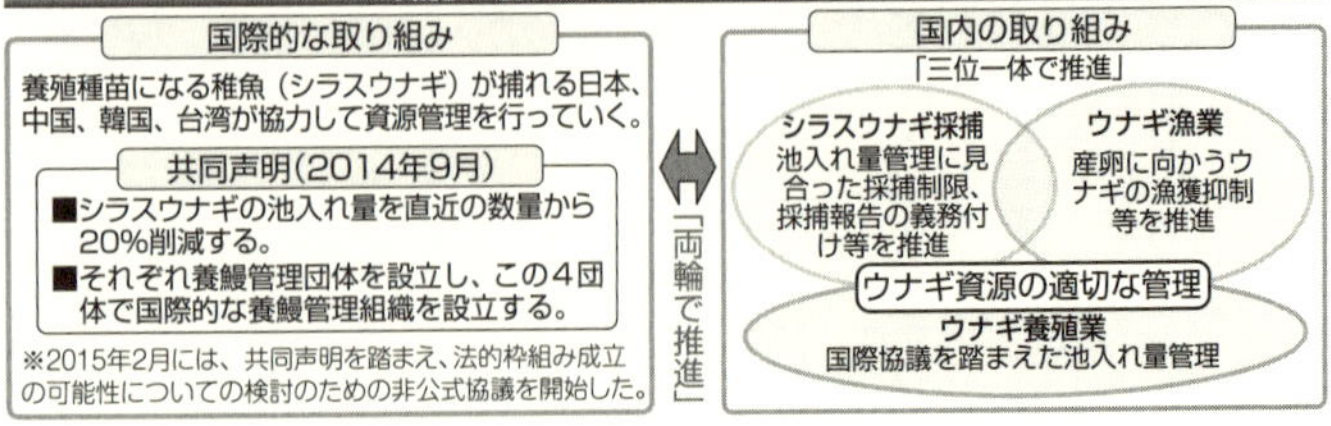

国際的な取り組み

養殖種苗になる稚魚（シラスウナギ）が捕れる日本、中国、韓国、台湾が協力して資源管理を行っていく。

共同声明（2014年9月）

■シラスウナギの池入れ量を直近の数量から20%削減する。

■それぞれ養鰻管理団体を設立し、この4団体で国際的な養鰻管理組織を設立する。

※2015年2月には、共同声明を踏まえ、法的枠組み成立の可能性についての検討のための非公式協議を開始した。

「両輪で推進」

国内の取り組み

「三位一体で推進」

シラスウナギ採捕
池入れ量管理に見合った採捕制限、採捕報告の義務付け等を推進

ウナギ漁業
産卵に向かうウナギの漁獲抑制等を推進

ウナギ資源の適切な管理

ウナギ養殖業
国際協議を踏まえた池入れ量管理

▽インタビュー①　森山喬司・日本鰻輸入組合理事長

輸入業界関与が不可欠

――日本鰻輸入組合は4、5月に中国、台湾のウナギ業界と相次いで会合を持った。中国、台湾の資源管理への対応をどう見るか。

「中国、台湾のどちらの会合でも、資源保護がテーマになった。台湾の業界の理解度は深まっているが、中国はそうではない。アジア4カ国・地域で進める資源管理の協議内容が、中国の関係業界に伝わっていない。台湾は日本のように政府と業界の距離が近いが、中国は政府と業界の連携が取れていないと強く感じている。中国ではウナギの業界は通商官庁、日本との資源管理交渉は農業官庁が所管し、縦割りの弊害か、民間に情報がしっかり流れていない」

――日本国内では養鰻業の管理が急ピッチで進むが、各国・地域で温度差がある。

「4カ国・地域で統一して池入れ制限をするという水産庁のやり方は正しいと思っている。養鰻に枠を作り、制限を加えるということは本質的に重要だ。しかし、養鰻生産量や稚魚の管理を、特に広大な国土を持つ中国ができるのか。中国の業界関係者からは、中国に資源管理は無理で、貿易管理しかできないのではという声も聞く」

――4カ国・地域の協議では貿易管理の議論まで至っていない。

「今の枠組みは養鰻業が中心で、輸入業は入っていない。残念ながら、現状ではわれわれ輸入業界が資源保護に協力できているという実感がない。日本が貿易管理の枠組み構築を進めるとなれば、全面協力するし、海外の業界の協力も不可欠だ。特に中国、台湾のウナギ産業は日本と違い、貿易産業、輸出産業であることに留意する必要がある。私は中国、台湾の輸出業界に、資源管理は養殖業者と政府だけでは進められないと伝えている。現地の輸出業者は養鰻や加工もやっているので、もっと関心を持ってほしいとお願いしている」

――ニホンウナギは国際取引規制を回避できると思うか。

「楽観と悲観の両方の気持ちがある。4カ国・地域での連携の動き自体は画期的なこと。海外が『まだ詰めるべき点はあるが、様子を見ましょう』と判断する可能性はある。ただ、ニホンウナギが回避できても、中国で多く生産されているアメリカウナギが国際取引規制種になるかもしれない」

森山喬司（もりやま・たかし）
東京都の水産物貿易会社佳成食品社長。1997年から現職。北海道出身、73歳。

――輸入業界の今後をどう展望するか。ニホンウナギが国際取引規制種になった場合の影響は。

「輸出国の証明書が必要となるまでの過渡期が若干あるので、すぐに輸入が止まることはないと思うが、中長期的に見たら国内輸入業界は大変なことになる。そもそもワシントン条約の動きに関係なく、各国の養鰻生産量は減少傾向にあり、輸入量は今後も減るとみている。しかも、輸入業界には現在も逆風が吹いている。輸出入に際して安全面での厳しい検査が行われているが、外国産に対する国内流通や消費者の見方は非常に厳しい。実際は国産だけでは国内需要を賄えないし、輸入がなくなれば間違いなく国内は値上げになる。輸入の実情が理解されているとは言い難い」

▽インタビュー②　勝川俊雄・東京海洋大准教授

稚魚流通の透明化急務

――資源が減少するニホンウナギの今後をどうみているか。

「ワシントン条約で国際取引が規制されるか、資源が枯渇して本当に捕れなくなるか。遠くない将来どちらかになるとみている。ウナギを回復させるハードルは高い。太平洋クロマグロの場合、日本の漁獲が大半なので、国内漁業を規制すれば、資源を回復させられる。ところがウナギはマリアナ海嶺付近で生まれて稚魚は広範囲に散るため、1カ国で解決する問題ではない。国内問題すら解決できない現状で、国際問題を解決できるだろうか」

――今シーズンから、国は養殖池に入れる稚魚の量を、届け出た業者に割り振った。

「割り振られた池入れ量が多すぎる。頑張って捕っても上限に達しないので、実効性のある規制とは言えない。ただ、管理しやすい養殖池から規制を始めたアプローチは評価できる。規制は取り組みやすい仕組みを突破口に、拡大する手順が基本。次は

勝川俊雄（かつかわ・としお）
東京海洋大学産学・地域連携推進機構准教授。東京大学海洋研究所助教、三重大学生物資源学部准教授などを経て4月から現職。専門は水産資源学。東京都出身、42歳。

誰がいつ、どこで捕った稚魚を池に入れたか、どこへ何匹出荷したかの入り口と出口の記録を徹底し、透明性を高めることだ。稚魚の採捕者は数が多いから、管理をするのが難しいという議論もあるようだが、ITを活用すれば技術的には可能だろう」

――水産資源の規制はどうあるべきか。

「魚が減ってから規制の準備をするのがそもそも間違い。いざという時に漁獲にブレーキをかけられるように、平時から漁獲枠を設けておく必要がある。平時ならば、利害関係者は規制を受け入れやすいだろう。アメリカは500種に漁獲枠を設けているが日本は7種だけ。しかも、捕っても捕り切れない規制量だ。日本は戦後の食糧難を解消するために、世界中の海で、魚を捕れるだけ捕ってきた。EEZ（200カイリ規制）時代に入り、漁場を失った1970年代以降も方針転換できず規制に後ろ向きでいる。魚食教育においても、魚を多く食べることが奨励され、未来につながる持続的な食べ方という視点がない。海外からは、日本は魚を食い尽くす国と見られている」

――今、すべきことは。

「ニホンウナギ保護には漁獲規制と河川環境の改善が必

要だが、河川問題は基礎研究が不足しており答えが出ていない。また、中国を含む多国間の規制の枠組みを構築するには時間がかかる。一方で、資源は危機的な状況にあり、時間的な猶予はない。基礎研究や国際的な枠組みづくりと並行して、日本国内でできる取り組みは率先して行うべきである」

――ニホンウナギを食べ続けることは可能か。

「資源が回復するまで、一時的にウナギを食べる量を減らす必要があるが、食べる魚だからこそ社会的な関心が高いことも事実。淡水魚の中には絶滅危惧種でありながら、あまり知られていない魚は多い。少なくなったウナギを大事に食べていくことが、資源を将来にわたって守るために必要ではないか」

資源回復　遠い道のり

農水省がまとめた2014年漁業・養殖業生産統計によると、養殖ウナギ生産量は前年比24.1％増の１万7627トンで、12年の水準に回復した。稚魚（シラスウナギ）の漁獲回復を反映した。主産県別は①鹿児島6838トン（18.9％増）②愛知4918トン（56.6％増）③宮崎3167トン（15.1％増）④静岡1490トン（6.7％増）。４県で全国の93％を占めた。

天然ウナギ漁獲量は16.3％減の113トンで最低を更新。1990年のほぼ10分の1になった。

水産庁によると、シラスウナギは14年漁期（13年11月～14年５月）に漁獲がやや回復し27トンの池入れがあったが、15年採捕期間（14年12月～15年４月）の池入れは18.3トンにとどまった。

財務省貿易統計によると、輸入は活鰻、加工品とも減少傾向にあったが、14年は活鰻が4810トン、加工品が１万5433トン（0.6で割り活鰻換算）と、合計で前年比17.1％増加した。

輸入減るも国産上回る

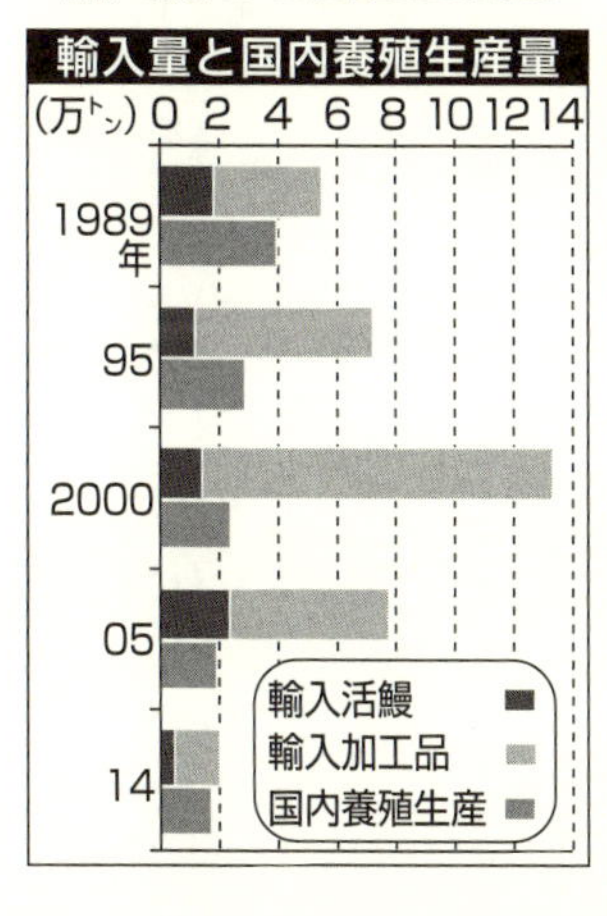

ピークの半減以下に

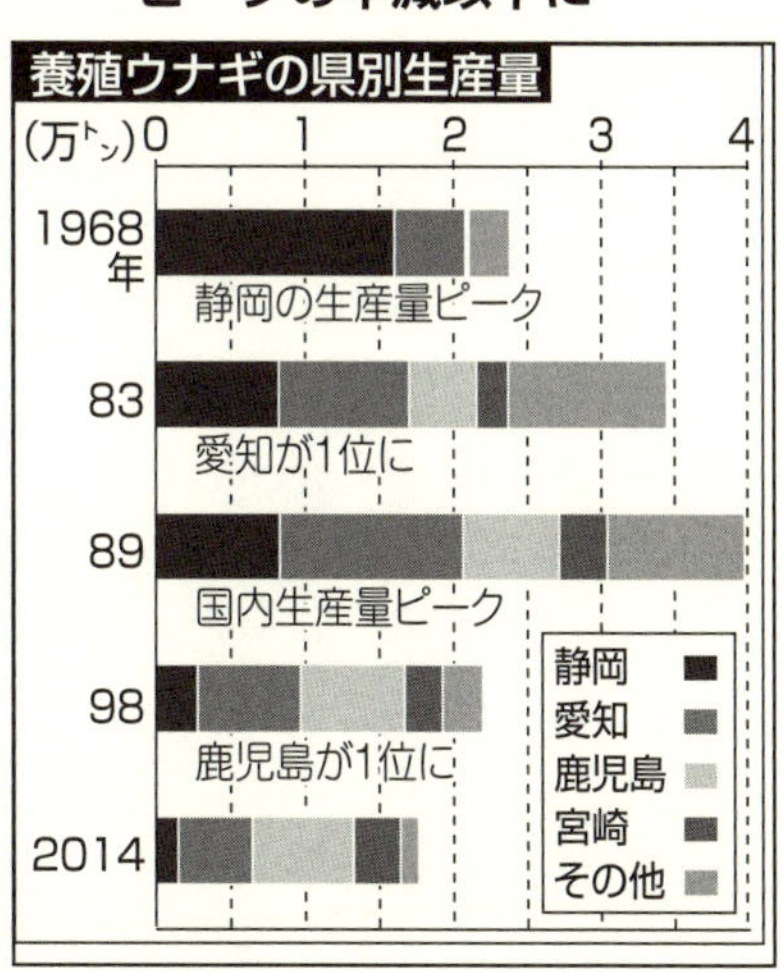

池入れ上限量届かず

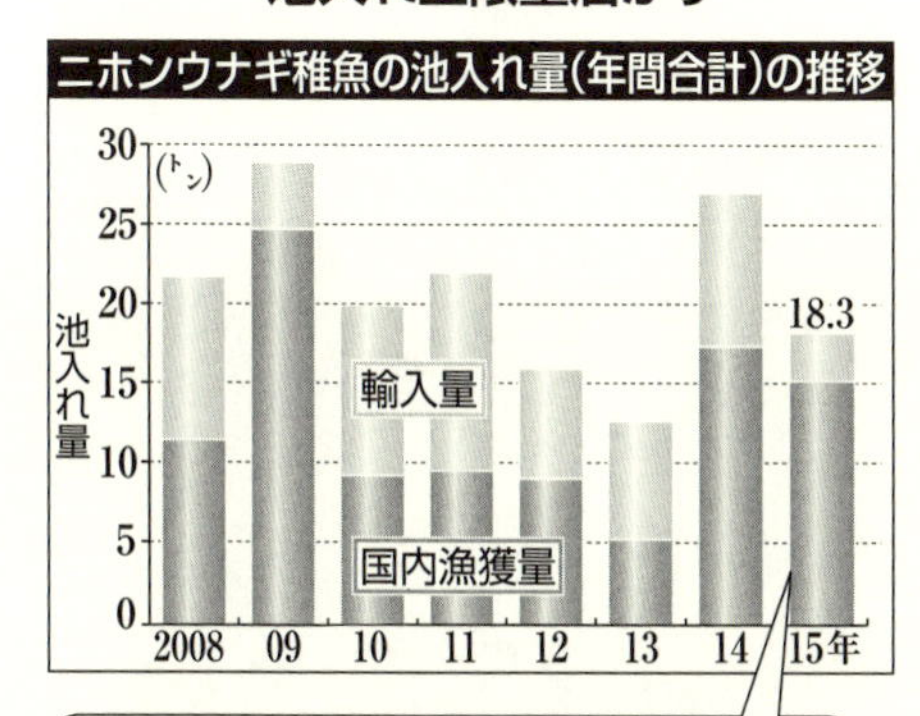

2015年漁期から届け出制が導入され、
池入れ量に上限(21.6トン)が設定された。

異種ウナギ　1

外国種—救世主か需給調整弁か

日本人になじみ深いニホンウナギは、学名をアンギラ・ジャポニカという。アンギラはウナギを意味する。ニホンウナギを含め、世界に生息するウナギは亜種を含め19種。日本は、ジャポニカ種以外の異種ウナギも養殖し、活鰻やかば焼きを輸入する。種の境界（ボーダー）を越えて流通し消費されるウナギ。世界各地で複数の種のウナギの資源減少が懸念される今、国内での異種ウナギの現状と課題を探った。

「ニホンウナギの代替資源として、フィリピン産ウナギをぜひ日本に広めたい」。4月下旬、都内の日本鰻輸入組合の事務所で、フィリピンの養鰻業者らが熱弁を振るった。2月に同国で設立されたばかりの貿易団体「ＩＧＡＴ」のメンバー。「輸出を促進し、日本のウナギ市場に参入したい」と意気込んだ。

彼らが売り込みを狙うのは、フィリピン沿岸で捕れるビカーラ種。親魚はニホンウナギと比べて頭が大きいなどの特徴がある。

フィリピン産ウナギの日本への輸出方針を説明するフィリピン貿易団体メンバー＝4月下旬、都内

近年、稚魚の不漁が続き、国際自然保護連合（IUCN）から絶滅危惧種に指定されるなど、資源回復が急務となっているニホンウナギ。今後の国内生産量減少を見込み、海外で豊富に捕れて安価な異種ウナギに商機を見いだす業者が次々に現れている。国内養鰻業に届け出制が導入された昨年、異種ウナギ養殖は61業者が登録した。

このうち、自動車整備業から参入した奈良県の養鰻業者は、東南アジアからビカーラ種を輸入し、温泉を使って養殖。「温泉ウナギ」として地元の旅館と協力して販売を始めた。辻広男社長（53）は「レストランや旅館など全国から引き合いがあり、事業拡大が見込める」と声を弾ませる。

静岡県も2013年から、県水産技術研究所浜名湖分場（浜松市西区）の養殖池でビカーラ種の試験養殖に取り組む。通常よりも大きく育て、今後は新たな調理法の開発も目指す。研究員は「養鰻県として、今のうちに異種ウナギの活用の可能性を研究しておく必要はある」と話す。

一方、県内の異種養殖の届け出業者は7社で、今年池入れした業者はまだない。沼津市の京丸うなぎは昨年、国内輸入業者の依頼でアメリカウナギを購入して養殖したが、結局、出荷は見合わせた。ニホンウナギの稚魚の漁獲が若干回復し、異種ウナギの需要が減ったためという。養殖場でニホンウナギと外見が似ているアメリカウナギを手に取り、塚本和弘社長（50）は「異種はまだ研究段階。養殖も難しく、効率よく育てるなら、技術が確立したニホンウナギの方が断然良い」と苦笑した。

ヨーロッパウナギは既にワシントン条約の対象になり、国際取引が制限されている。新たな異種ウナギは、ニホンウナギの減少で苦しむ国内市場の救世主になるのか、一時の流行に終わる需給の調整弁なのか。ポスト・ニホンウナギの座をめぐり、国内外の業界の思惑が交錯する。

（2015年4月30日・静岡新聞）

世界のウナギ

全世界に生息するウナギ19種のうち、主に商業利用されているのは、ニホンウナギ（アンギラ・ジャポニカ、太平洋）、ヨーロッパウナギ（アンギラ・アンギラ、大西洋）、アメリカウナギ（アンギラ·ロストラータ、大西洋）、ビカーラウナギ（アンギラ・ビカーラ、二つの亜種が太平洋とインド洋に生息）など。ニホンウナギ、ヨーロッパウナギ、アメリカウナギは国際自然保護連合（ＩＵＣＮ）の絶滅危惧種に、ビカーラも準絶滅危惧種に指定されている。

異種ウナギ　2

DNA鑑定—混入防ぐ科学のメス

「アンギラ・ジャポニカ100%」。4月初め、浜松市南区でウナギ養殖を手掛ける浜松魚類に、稚魚の鑑定書が届いた。今春の仕入れ分からサンプル抽出した稚魚のDNA鑑定の結果、全てニホンウナギであることが証明された。「取引先や消費者の安心につながる」。平井照政社長(62)は鑑定書を手に、品質保証の重要性を強調した。

同社が、稚魚と自社のかば焼き製品のDNA鑑定を導入して3年目。鑑定書は商談で、百貨店や量販店のバイヤーに示す。鑑定を導入した年は一部輸入稚魚を入れたが、この2年は国産稚魚を使っている。ジャポニカ種100%の結果は当然のようにも思えるが、「『ニホンウナギかどうか、見れば分かるでしょ』では、今は通じない」と営業担当者は話す。

稚魚、「クロコ」と呼ばれる幼魚、成魚、かば焼き製品など、ウナギはさまざまな状態で輸入され、国内の養鰻業者や加工業者、流通業者を経て、消費者の元に届く。輸入や国内流通の過程で、ニホンウナギ以外の異種ウナギが混ざる「異種混入」は以

ウナギのＤＮＡ鑑定

世界に生息するウナギ19種のＤＮＡの塩基配列を比較することで、ウナギの種を識別する。特に輸入された稚魚、成魚、かば焼き製品の異種混入の判定に活用されている。従来は稚魚をすりつぶすなどしてＤＮＡ情報を得ていたが、高価な稚魚を殺さずに済むように、水中に残った老廃物などからＤＮＡを採取する技術も開発されている。

前から問題視され、近年の検査技術の向上で、ようやく科学のメスが入るようになってきた。

浜松魚類のウナギも鑑定する静岡県磐田市の光コーポレーションには、年間数十社から鑑定の依頼が舞い込むという。スーパーマーケットから輸入かば焼きの鑑定を頼まれることもある。「ＤＮＡ鑑定が必要という意識は徐々に高まってきている」と田代幹二社長（51）は手応えを語る。

異種混入の問題点は商取引だけにとどまらない。研究者からは「育てられなくなった外国種の稚魚や成魚が国内の川に捨てられ、既存の生態系を破壊する可能性もある」という指摘もある。

フィリピン沿岸でウナギ稚魚の分析調査を手掛けた北里大海洋生命科学部の吉永龍起准教授（43）は「フィリピンでは年間を通じて、ビカーラ種（アンギラ・ビカーラ・パシフィカ）など複数の種の稚魚が同時に来遊し、一度に同一種のみの稚魚を捕ることはほぼ不可能」と説明する。厳密には、日本にも九州などにごく少数ながら、ビカーラ種の稚魚が漂着するという。吉永氏は国内業界関係者に「自分たちの取り扱っているウナギの種が何かということに、もっと注意を払ってほしい。業界団体が抜き打ちでＤＮＡ検査をするなど、異種混入のチェック態勢を構築すべき」と提言する。

ウナギ稚魚のＤＮＡ鑑定結果を記載した鑑定書＝4月下旬、浜松市南区の浜松魚類

（2015年5月1日・静岡新聞）

異種ウナギ　3

種別表示ー制度不備　義務化に壁

「国産か中国産かはよく聞かれるが、種別を聞く人はいない」。スーパーマーケットの売り場担当者は、取材にけげんな顔で答えた。

ニホンウナギではない外国産の「異種ウナギ」は一体どれだけの量が国内に輸入され、流通しているのか。種別の公式統計は存在せず、正確な実態は不明。これまで国内の外食チェーン店やスーパーで販売されるウナギかば焼き製品の多くに、異種ウナギが使用されてきた経緯がある。

流通大手イオン（本社千葉市）は「主力は国産ニホンウナギ」としつつ、かば焼き製品の一部にビカーラウナギを使用。アメリカウナギは昨年で仕入れをやめ、「今はほとんど在庫はない」。西友（東京都）は一部かば焼き製品に中国産のアメリカウナギを使っている。ヨーロッパウナギは2社とも「ワシントン条約の国際取引規制対象種なので販売していない」としている。

昨年、環境保護団体グリーンピースが、国内流通15社を対象に異種ウナギの使用状

「静岡産」と明記した国産ニホンウナギのかば焼きが並ぶ量販店の鮮魚売り場＝4月下旬、静岡市内

況の調査を実施し、結果を公表。国内各社は異種ウナギの仕入れ状況を積極的に開示していなかったため、業界の注目を集めた。

異種かどうかは、現状では消費者には分からない。日本農林規格（JAS）法などの国内法は、原産地の表示までは義務付けているが、種の表示は義務付けていないからだ。

世界のウナギ19種のうち、3種が国際自然保護連合（IUCN）の絶滅危惧種に、1種が準絶滅危惧種に指定された今、塚本勝巳日本大学教授（66）は「日本人はニホンウナギに注目しがちだが、世界のウナギ種も危機にあることを知るべき」と異

ウナギの製品表示

2001年の日本農林規格（ＪＡＳ）法の改正で、原産地表示（輸入品の場合は原産国表示）が義務化されたが、種の表示義務は現在もない。かば焼きを細切りして販売した場合は原産地表示の対象にならないなど、制度の不備も指摘されている。また、産地を偽装する国内業者が相次いだことを受け、09年の改正で虚偽の原産地表示に対する罰則が強化された。

種の表示義務化を強く訴える。国内業者からは「外国産の異種と国産ニホンウナギのかば焼きを一緒にされたくない」として、国内産業保護の観点から表示義務化を求める声が上がる。

静岡県消費者団体連盟の小林昭子会長（72）は「消費者にもっと外国種ウナギの情報が開示され、学ぶ機会を持つことが重要。かば焼きの売り場に『今日はこの種を販売しています』と掲示するなど、資源保護のために流通業界ができることはあるはず」と主張する。

われわれが今、口にしているのはニホンウナギ（アンギラ・ジャポニカ）なのか、ヨーロッパウナギ（アンギラ・アンギラ）なのか、アメリカウナギ（アンギラ・ロストラータ）なのか。そして、これから食べていくのは何ウナギか。「アンギラ　XXX」がどの種になるのかは、ニホンウナギの資源回復と、ウナギに関わる全ての人間の意識にかかっている。

（2015年5月2日・静岡新聞）

第四部　サイエンス（研究、卵、完全養殖）

河川環境の改善急げ―コンクリ護岸が餌阻む？

ニホンウナギが「絶滅危惧種」と言われるまで減ってしまった原因として、乱獲や海流の変化と並び、河川環境の変化が挙げられる。人間の生命や財産を守り、豊かな生活を支えるために行われた治水工事やダム建設が、ウナギのすみかを奪い、ウナギと人間を遠ざけた。「食べ物」ではなく「生き物」としてウナギに向き合うと、私たちが今、やらなければならないことが見えてくる。ウナギと人間が共に住みやすい環境への取り組みは始まっている。

好物はミミズ

コンクリート護岸は、生態系にどんな影響を及ぼすのか―。東京大大気海洋研究所の木村伸吾教授（53）の研究チームが行った調査によると、岸に植物や土などの自然が残る河川の方が、コンクリートに覆われた河川に比べてウナギの生息密度が1・5～2・8倍高かった。食べる餌の量、種類も多く、ウナギの太り方も高かったという。

▲静岡市清水区の興津川（4月24日、本社小型無線ヘリ「イーグル」から）

◀自然が残る川岸の方が生息密度が高いことが分かったニホンウナギ（東京大大気海洋研究所提供）

調査は茨城、千葉両県境をまたぐ利根川などの4区域で2013年までの2年間行い、竹筒を使って計586匹のウナギを捕獲。生息密度や胃の内容物を調べ、自然河川とコンクリート護岸の河川を比較した。

自然河川のウナギが好んで食べていたのが、陸にすむミミズ。ウナギの胃の中や筋肉に含まれる成分を分析したところ、摂取した餌の半分ほどをミミズが占めているとのデータが得られた。一方、岸をコンクリートで固めた河川では陸と水中の間を行き来できず、ミミズを食べたウナギはいなかった。

研究チームの板倉光さん(28)は「ミ

ミズは重要な餌で、実はウナギは陸にも密接な関わりがあった。その関係をコンクリートが遮断しているのではないか」とみる。

木村教授によると、これまでの河川環境の調査は上流と下流を考える「縦の研究」が主流だった。今回の調査結果を踏まえ、「水中から陸上へのアクセスなど、『横の研究』も重要になる。河川環境の改善を考える上のヒントにすべきだ」と指摘する。

自然に配慮した工法 建設業界で開発進む

かつて護岸工事は石積み工法が主流で、隙間や段差に入り込むウナギ、カニ、エビなどの生物が岸壁に生息していた。だが、約50年前から全国に広がったコンクリート護岸により、行き場を失った水生生物は激減し始める。

コンクリート護岸とウナギ減少の因果関係が指摘され始めたのは約20年前。河川から次々と姿を消していたウナギが、施工不良でひび割れた岸壁にすみ着いていたのがきっかけだった。大手総合建設業「鹿島建設」環境本部の柵瀬信夫さん（66）は、「護岸工事はきれいな平面に仕上げるのが業界の基本。それが生物を減らす原因とは思わなかった」と当時を振り返る。

生物保護への社会的な関心が高まり、建設業界も自然に優しい護岸工事に向けて研究を進めるようになった。同社では、既存の護岸にウナギやカニのすみかを設置するパネルを開発。関東をはじめ各地の護岸改修で採用され、第三者機関による調査ではウナギやカニなどが多数見つかっている。コストカットも進み、現在は通常工事の1割ほどの上乗せで生物がすめる護岸工事の施工も可能になったという。

今後の課題は、さらなるコストカットと耐久性、性能の向上。環境保護への機運が高まるなか、柵瀬さんは「自然に配慮した工法の開発は建設業界の責任であり、顧客ニーズに応えるための重要な経営戦略でもある」と語る。

川での生態解明へ

ウナギは生涯の大部分を川で過ごす。産卵場調査は進んだが、川での生態には謎が多い。資源危機が叫ばれるようになって、本格的な調査が始まった。

神奈川・酒匂川標識付け追跡

神奈川県小田原市の酒匂川の支流で生態調査をしている北里大海洋生命科学部の吉永龍起准教授と県水産技術センター内水面試験場（相模原市緑区）は2015年5月18日、3年目の調査を開始した。

調査範囲は川の下流約1キロ。ほぼ毎月1回、ウナ

ウナギを捕獲して川での生態を調べる吉永龍起准教授（左）＝5月18日、神奈川県小田原市

耳石（じせき）
ウナギの内耳にある炭酸カルシウムの塊。樹木と同様に年輪が形成されるので、ウナギの年齢を知ることができる。高解像度の顕微鏡を使えば１日単位の日齢も分かる。海水に多く含まれるストロンチウムなど、耳石に含まれる物質を分析すれば、海にいた期間など生活史、回遊履歴も調べられる。

ギを捕獲して①大きさ②捕獲場所③水深④餌—などのデータを集めている。捕獲したウナギは標識を付けて放流し、その後の移動状況や成長具合も追跡調査している。これまでに約２８０匹を放流した。

吉永准教授は「ウナギが季節によってどんな場所で生活しているのか分かってきた。さらにデータを集めて生態を解明し、ウナギの保全につなげたい」と語った。

伊豆の３河川　水温変化注目

静岡県水産技術研究所富士養鱒場（静岡県富士宮市）が伊豆地域の同じ湾に注ぐ3河川で行っているウナギ生息環境調査も3年目を迎えた。「耳石」を調べるなどして成長を追っている。

これまでに、稚魚は浅くて底が砂や泥の狭い範囲で13センチくらいになるまで成長し、9月ごろ幼魚（クロコ）になって広範囲に散らばることなどが分かった。

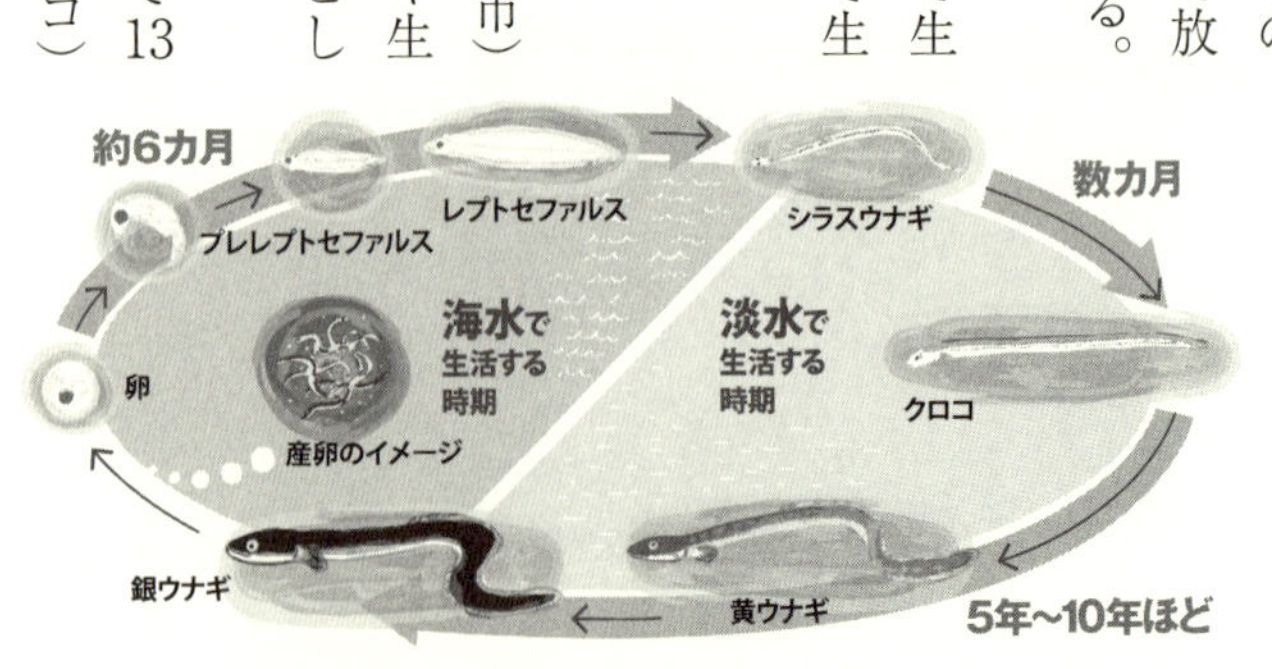

塚本勝巳「うなぎ一億年の謎を追う」（学研教育出版）より

幼魚が川に散らばるきっかけや、川によって成長や成熟のスピードが異なることについて、担当の鈴木邦弘さん（40）は水温との関係に注目する。

ウナギはすみ慣れた場所で越冬するらしいことも分かった。「活動が活発な時期とは異なり、深い場所でぐっすり眠っているのかもしれない」と鈴木さん。今秋からは、水槽でそれを確かめるという。

遡上稚魚を通年調査
「鰻川計画」が進行

河川にいるウナギ成魚だけでなく、河川に遡上（そじょう）する稚魚（シラスウナギ）を定期的に河口で数える調査も行われている。

日本、中国、韓国、台湾のウナギ研究者や関係業者などで構成する東アジア鰻資源協議会（ＥＡＳＥＣ）の活動だ。「鰻川（イールリバー）計画」と呼ばれ、東京医科大の篠田章講師や北里大の吉永龍起准教授らが取り組んでいる。

稚魚は採捕期間があるため、漁獲量が実際の資源量を反映しているとは言い切れないとして、通年調査をしている。

２００９年に神奈川県・相模川でスタートし、現在は国内８地点、台湾１地点で行われている。これまでの調査で、稚魚漁期が終了した後も、シラスウナギが接岸している河川があることが分かった。

再生の掘割　ウナギ待つ

市の中心部を網目状に流れる掘割が、城下町の風情を漂わせる。福岡県南西部に位置する柳川市。有明海に注ぐ豊富な水が農業、漁業を支え、古くから「水郷の地」として栄えてきた。その清流で育ったウナギのせいろ蒸しは柳川を代表する名物。浜松市のうなぎのかば焼きと並び、環境省の「かおり風景１００選」にも名を連ねる。

「新緑が水面に映えるこの季節が一番美しい」。5月20日、柳川市の観光ボランティアガイド古賀久隆さん(80)が市内を案内してくれた。両岸に垂れ下がる柳の葉の間を、川下りの船がゆったりと流れる。「昔はいろんな生物がいてね。ウナギ、ハゼ、ザリガニ。水の中を行ったり来たりしていたよ」。古賀さんが懐かしそうに話す。

かつて藩政も支えた掘割だが、戦後の高度経済成長期には負の歴史を歩む。大量のごみが捨てられ、家庭用洗剤の普及により生活排水も川に流された。川岸はコンクリートで固められ、水生生物はすみかを奪われた。同市で旅館を経営する内山耕蔵さん（66）は「冷蔵庫も掘割に捨てられた。とてもウナギがすめる状態ではなかった」と振り返る。

当時の市職員だった故広松伝さんを中心に、市民有志が掘割の再生に乗り出したの

柳川の掘割について説明する古賀久隆さん。水中に石倉かごが設置されている＝5月20日、福岡県柳川市

が約30年前。大勢の市民を巻き込みながら、少しずつ掘割がよみがえっていった。その様子は宮崎駿監督が製作した唯一の実写ドキュメンタリー映画「柳川掘割物語」に描かれ、全国の注目を集めた。

そんな機運は今も続く。内山さんらは2年前、NPO「SPERA　森里海」を立ち上げた。有明海の環境浄化とともに、「ウナギの里復活」を実現するためだ。竹炭や鉄粉、クエン酸などを混ぜた固体を掘割に入れて水質浄化を図り、ウナギのすみかとなる「石倉かご」も2基設置した。近くの県立高の生徒と稚魚のシラスウナギを一定の大きさまで育て、掘割に放流する計画も立てている。

柳川の掘割を造り、壊し、再生させたのは全てそこに住む人間だ。内山さんは言う。「ハード面を整えても、住民意識が変わらなければ無意味。人間も自然を構成する一つの生物なのだから」

▽インタビュー　望岡典隆・九州大大学院農学研究院准教授

保護、今が最後のチャンス

――河川環境の変化とウナギの減少が指摘されている。

「川にダムやせきなどが造られることにより、ウナギやカニ、エビなどが上流へ遡上（そじょう）できなくなる。そうなると、すみかや餌は減る。また、護岸工事などで川岸や底がコンクリートで固められ、石や岩の隙間などウナギが隠れる場所がなくなった。１９９０年代後半から、河川改修やダム建設のたびにウナギの漁獲量が減るというデータが出ている」

――ウナギに適した河川環境とは。

「当然、安全で餌が豊富にある場所だ。コンクリート護岸などで悪化した河川環境を、自然に近づける必要がある。現在、緊急避難的に行っているのが『石倉かご』。樹脂製のかごに石を詰め、河川に設置するウナギのすみかづくりを2年前から行っている。毎月の調査で、餌となるエビやカニが多くすみ着き、目印を付けた同じウナギが毎回

望岡典隆（もちおか・のりたか）
神奈川県出身。九州大学大学院修了。同大学農学部助手を経て、2007年から同大学院農学研究院水産増殖学研究室准教授。専門は魚類学、水産増殖学。

見つかっている。よほど好都合な場所なのだろう」

——ほかにどんな取り組みが続けられているか。

「ウナギが上れないせきなどの構造物に、はしごのような魚道（ぎょどう）を造って遡上を助けている。カニやエビも含めてウナギをより上流に導くことで、餌やすみかも広範囲に増えていく。ウナギは河川の生態系のなかで最高位の捕食者。ウナギを守るためには、餌となる生物やケイ藻類も育つ環境をトータルに整えなくてはならない」

——河川環境を守るのに大事なことは何か。

「今できることを始める姿勢だ。護岸工事が、人間の生命や財産を守るのに必要というのも確か。しかし、その安全性を保ちつつ昔のような自然の河川に近づけるには、たくさんのお金も時間もかかる。減少を続けるウナギに、そんな猶予は残されていない。だからこそ、比較的簡単にできる石倉かごなどの取り組みが広がってほしい。絶滅危惧種となり、ウナギ保護の機運が高まりつつある今が最後のチャンス。これを機に住民や子供も巻き込み、あるべき河川とは何かを考えなくてはいけない」

（2015年5月26日・静岡新聞）

河川環境特集　関連記事

「あの頃、川は豊かだった」―郷愁の手づかみ体験

静岡新聞など3紙の合同連載「ウナギNOW」の取材班に、戦後間もないころのウナギ捕りの様子を描いたスケッチが6枚、送られてきた。送り主は浜松市東区有玉北町の石川昌俊さん（78）。ウナギの生息環境を取り上げた静岡新聞記事（5月5日付朝刊22面、同26日付朝刊17面＝本書230ページ）を読み、自然の川岸が大事なことをあらためて伝えたかったという。

「絵のほうが、分かりやすいと思って」と石川さん。定年退職後に通信講座で習った水彩画は県や市のコンクールで繰り返し入賞した腕前。素朴なタッチで自身がウナギ捕りに通った磐田市南部の水田地帯の風景や水辺の情景、ウナギ漁の仕掛けなどを描いていた。

うち1枚は、中学生だった石川さんが、水中の川岸の穴に潜むウナギを手づかみで捕った様子が描かれている。川に入って水面下30～50センチを手探りして穴を見つけ、

▲イラスト＝石川さんが描いたウナギ捕りの様子。下半分が水中で、男性は中学時代の石川さん。足元にはザリガニが描かれている

◀「昔日の風景が鮮明に記憶に残っている」とスケッチを説明する石川昌俊さん＝6月3日午後、浜松市東区有玉北町

中にいるウナギをつかんで引っ張り出す場面。草むらに潜むヘビや、ウナギの居場所を探す手掛かりになるというザリガニなど、周辺環境も含め「ウナギがいた川」が郷愁を込めて細やかに描かれた。

「新聞記事に、陸にすむミミズが好物とあったが、私の体験とも重なる。ウナギを捕まえに行った場所にはミミズやヤゴ、ゲンゴロウ、ミズスマシがたくさんいた」。石川さんによると、ウナギがすみやすい川は「河岸に草が生えていて、川幅3メートルくらい、水深1メートルちょっと。透明度は高くないほうがよく、直線ではなく、くねって流れているほうがいい」

石川さんがウナギを手づかみで捕ったり、闇の中、カンテラの明かりを頼りに銛(もり)で突いたりした磐田市の川の周辺は高度経済成長とともに水田が住宅地になり、東海道新幹線の開通に前後して川そのものも消えた。

「ウナギのすむ場所がなくなればウナギがいなくなるのは当然。護岸工事は必要だが、ここまでやる必要はあったのだろうか」と石川さんは語った。

(2015年6月5日・静岡新聞)

不思議な魚　特集・生活史

身近なのに謎多き生態

日本人の身近な「食べ物」であるウナギだが、「生き物」としての生態はあまり知られていない。ニホンウナギの一生は、太平洋のマリアナ諸島沖で始まり、5～10年ほど後に産卵のため再びマリアナ沖に帰る数千キロの大回遊。産卵行動や遡上(そじょう)する川での生態は人間の近くにいながら謎が深く、研究者たちが解明に挑んでいる。知れば知るほど不思議な海の魚に迫った。

故郷マリアナ　命の旅―海から川へ、また海へ

ウナギが生まれる場所は、日本から南へ約2千キロも離れたマリアナ諸島沖。主に5、6月の新月の直前、水深150～200メートルで親ウナギの雄と雌が出合い、狭い範囲に密集して産卵が行われるとみられている。

受精卵からふ化した幼生の「レプトセファルス」(ラテン語で「小さな頭」)は、海

流に乗るのに適した平べったい葉っぱのような形。海水に溶けて漂うプランクトンの死骸（マリンスノー）を食べる。3〜4カ月間、北赤道海流に乗って西へ流された後、フィリピン沖で黒潮に乗り換え、中国、台湾、韓国、日本へと向かう。

　東アジアに到達するころには体長が5〜6センチになり、体の状態が大きく変わる「変態」が始まる。稚魚の「シラスウナギ」になり、形は糸のように細長く、体は海水より重い。こうなると海流に乗って移動することができなくなり、自力で陸に向かって泳ぎ始め

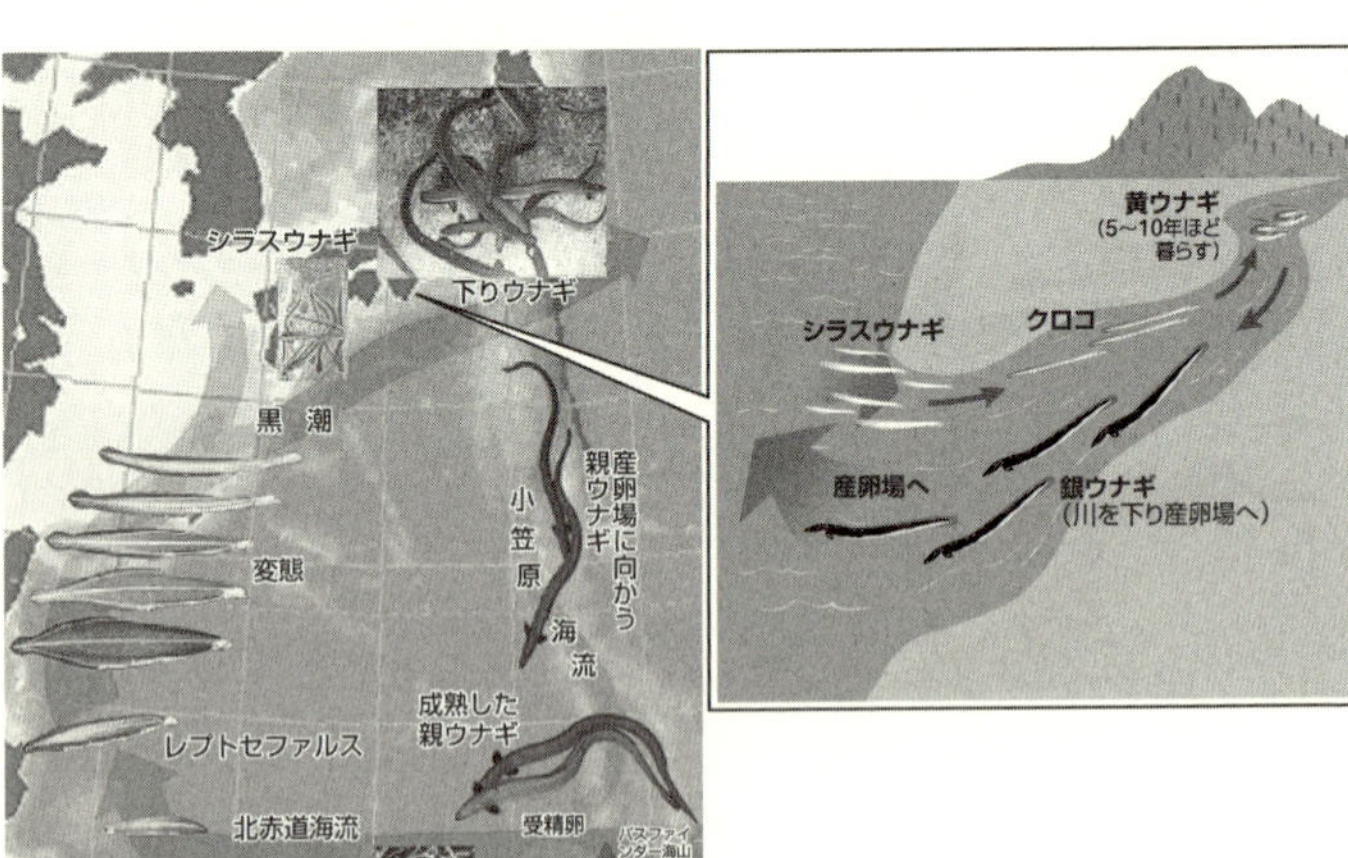

◀水産庁提供

る。しばらく海水と淡水が混ざる河口付近の汽水域で川の水に体を慣らし、春から始まる遡上の準備を整える。

ほどなく、紫外線から身を守るために黒い色素が体中を覆う「クロコ」に成長し、川を上り始める。遡上が難しい段差や急流は、岸や岩などを伝ってよじ登っていく。上流に到達するとエビやカニなどを食べるようになり、体が少しずつ大きくなる。体色から「黄ウナギ」と呼ばれ、昼は暗い巣穴に隠れて夜に行動する。

5～10年ほど上流で生活すると、徐々に体が黒ずんでいく。目が大きく、体長は50センチ以上に。成熟期を迎えた「銀ウナギ」となり、体を浮かせるための浮袋という器官が発達し始める。旅立ちは秋に大雨が降った真っ暗な夜。マリアナ諸島沖に産卵に向かうため、川を下って河口付近で体を海水に慣れさせ、海に出ていく。

数千キロの旅を終えてマリアナ諸島沖に到着したウナギは、何かの〝目印〟を頼りに集まり始める。複数回の産卵が繰り返されるとみられ、命は次代へと引き継がれる。

世界各地に19種・亜種─祖先誕生は約1億年前

ニホンウナギやヨーロッパウナギなどウナギ目ウナギ科ウナギ属は19種・亜種を数え、東南アジアを中心に広く世界に分布している。熱帯域に産卵場を持ち、熱帯から高緯度域に向かって流れる暖流によって仔魚（しぎょ）を輸送するという特殊な生活史を持つため、主に暖流洗う大陸の東岸に生息するという特徴がある。

ウナギ属の祖先が出現したのは約1億年前。当初深海で生活していたが、その幼生・レプトセファルスの一部が海流に流されて河口に到達、餌が豊富で敵も少ないすみかを求めて淡水に遡上（そじょう）を始めた。19種・亜種の中で最初に誕生したのがボルネオ島のボルネオウナギとされる。このように祖先たちの幼生は海流に乗って世界の隅々に進出し、それぞれの

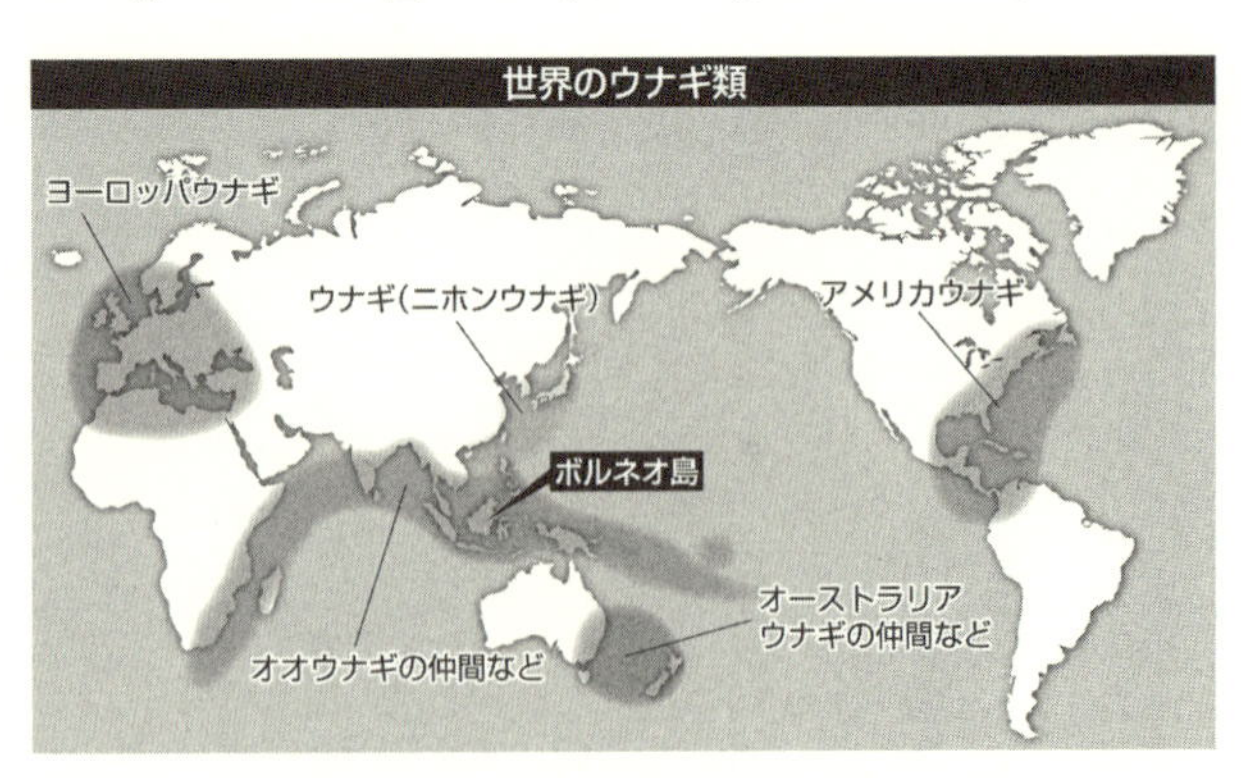

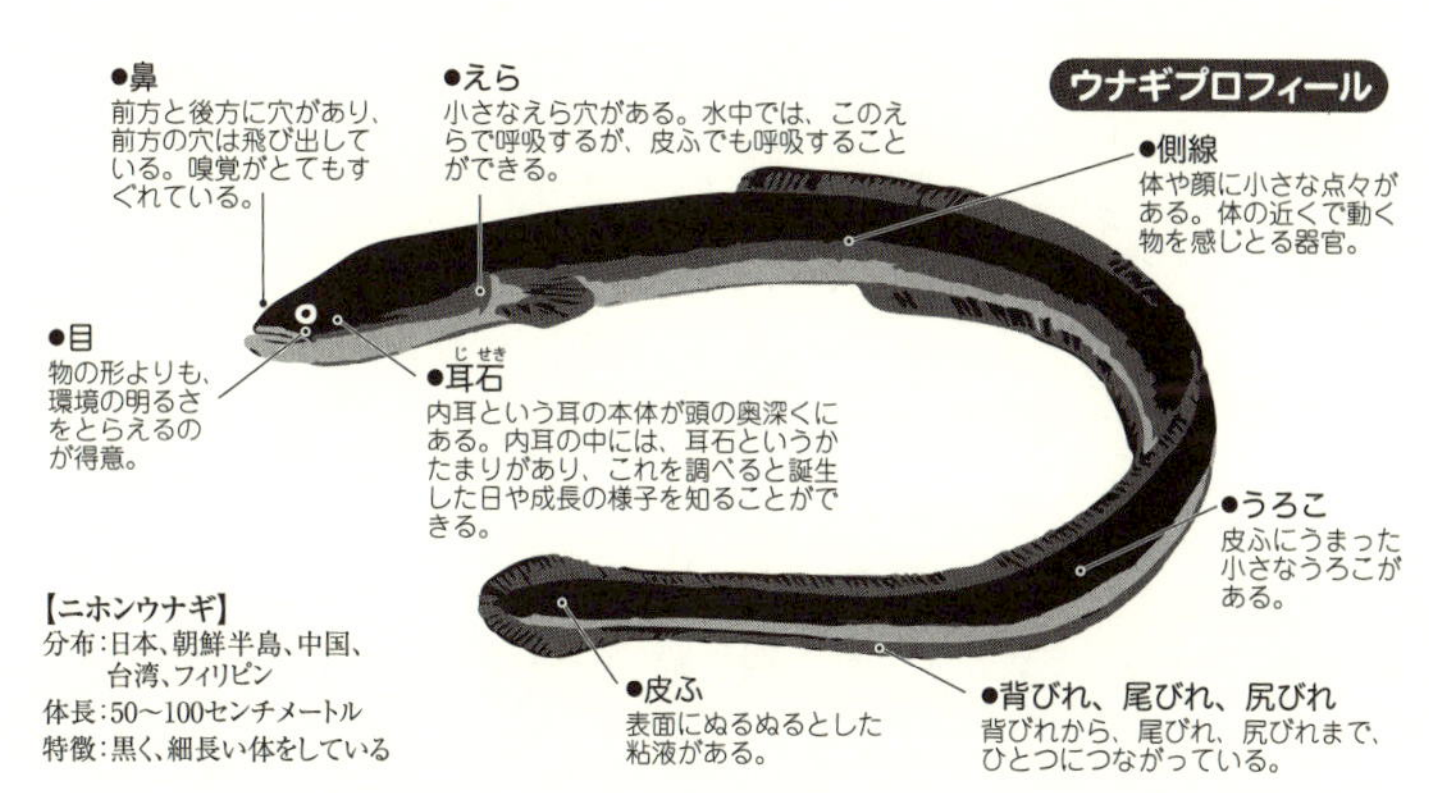

塚本勝巳「うなぎ　一億年の謎を追う」（学研教育出版）より

環境に適応、すみ着いていったという。

19種・亜種の違いは①体に斑紋があるか②背びれが前方まで伸びているか③上あごの骨の幅が太いか—など微妙なものばかりで、見た目で種を特定するのはなかなか難しい。

ちなみにウナギ目魚類は約800種。うちウナギ属の19種・亜種と生息域が重なり、形もよく似たアナゴやウツボ、ウミヘビ、ハモはウナギ属とはむしろ遠縁。外洋の水深200〜1500メートルにすむ深海魚・ノコバウナギなどがウナギ属に近いとされる。

2009年には、2億2千万年ほど前に現れ、ひれの形などウナギ目祖先の原始的な特徴を持つムカシウナギがパラオの海底洞窟で発見された。

雄雌目指す〝約束の場所〟―においの記憶たどって

▽塚本勝巳・日本大生物資源科学部教授に聞く

ニホンウナギの産卵場所がマリアナ諸島西方海域であることは、多くの専門家の調査により1990年代初頭にほぼ特定された。しかし、日本からはるか何千キロも離れた海洋を産卵場とする理由、どうしてたどり着くことができるかなどについてはその後も謎のベールに包まれていた。40年にわたりウナギを研究し、2009年に受精卵を採集して産卵場を突き止めた日本大学生物資源科学部の塚本勝巳教授に最新の研究成果、生態に関する学説などを聞いた。

――広い南洋で、ウナギはどうして産卵場所が分かるのか。

「マリアナ諸島西方海域では、雨が比較的狭い範囲に集中的に降るスコールが起こり、塩分が薄められた深さ100メートルほどの水域『ウナギ水』が南にできる。ここでは、この水域に特有のプランクトンが発生。その死骸はバクテリアなどに分解さ

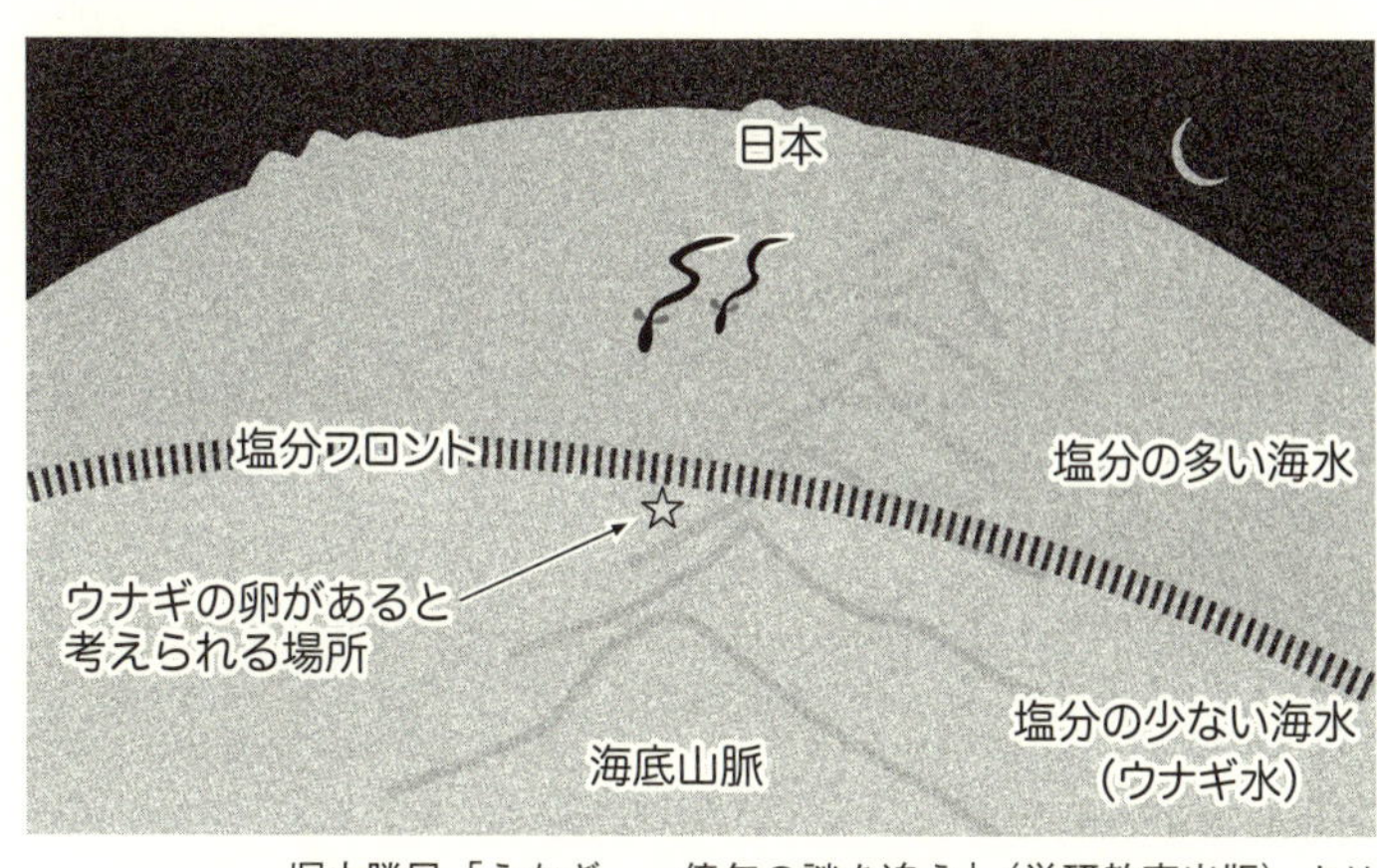

塚本勝巳「うなぎ　一億年の謎を追う」（学研教育出版）より

れ、多くのアミノ酸を含む特別な『マリンスノー』となる。その過程で発生するにおいを頼りに、嗅覚の優れたウナギは産卵場の緯度が分かるのではないかと考えている」

——太平洋は東西にも広い。

「経度方向はマリアナ諸島の西側にある海底山脈『西マリアナ海嶺』を手掛かりに絞り込んでいるようだ。山脈で発生する磁気異常や独特の海流などを参考にしているとみられる」

——雄と雌が出合う〝約束の場所〟は、なぜ遠く離れたマリアナ沖なのか。

「産卵後、ふ化した幼生が育つことができる唯一無二の環境があるからだ。マリンスノーは成長に不可欠な餌で、ウナギ水の中で、ゆっくり下へと落ちていく。一方、水深200メートル付近で産み落とされた卵は比重が軽く、徐々に上昇。ふ化後、上から降ってくるマリンスノーを食べながら大きくなっていく。加えてマリンスノーはウナギ水の底部近くにとどまりやすく、幼生は餌に困らない。マリアナ諸島西方海域はこのような絶妙な仕組みが成り立っている。また、ウナギはこの時に嗅いだマリンスノーのにおいをずっと覚えている。そんな能力が、成魚になってもサケのように生まれた場所に帰る助けになる」

――産卵場調査は完全養殖実現のために欠かせない。

「完全養殖の課題は初期の発育段階での適切な環境や餌が分かっていないこと。自然界での産卵、ふ化、初期発育に必要な環境、要素を突き止めることが、卵から成魚まで一貫した養殖を可能にする大きな一歩となる」

（２０１５年６月９日・宮崎日日新聞）

不思議な魚　関連記事

養殖「雄化」の謎に迫る―宮崎に研究池完成

ニホンウナギの生態研究の拠点となる「親ウナギ研究池」の完成式が4月5日、宮崎県美郷町で行われた。自然の環境に限りなく近づけた研究池でニホンウナギを幼魚から育て、雌雄の分かれ方などを探る。謎の多い天然でのウナギ成育に関する本格的な研究は世界で初めてという。

研究池は五つ。宮崎市のNPO法人セーフティー・ライフ&リバー（大森仁史理事長）が、休耕田約1万千平方メートルを素掘りし、穴の側面を杉板で固定、底に砂利を敷き詰めた。川の水を引き込み、本来の餌であるエビやカニ、小魚などを入れるなどし、自然の川の状態を再現した。

6月をめどに生後1年未満、体長10センチ前後の幼魚を放流し、池を使い分けて飼育密度や餌量などを調整。一般的な養殖ではほ

研究池の完成を祝い、ウナギを放流する式典参加者＝4月5日、宮崎県美郷町

とんどが雄になるという、雌雄の発現などの解明、親ウナギに短期間で育成する技術の開発などに取り組む。雌雄の親ウナギをバランスよく放流できれば、より効果的に資源量を回復させることが期待できるという。

同NPOは2013年10月、減少著しいウナギの資源量を回復させることを目的に、廃校になった小学校を改修して世界唯一のウナギ研究・展示施設「国際うなぎラボ」を同町にオープン。ウナギ研究の第一人者の塚本勝巳日本大学教授（66）が所長を務める。

式には関係者約100人が参加。研究池が生息環境に適しているか確認も兼ね、試験的に800匹を放流するなどして完成を祝った。大森理事長が「研究が日本の養鰻業と食文化を守る『救世主』となることを期待する」とあいさつ。塚本教授は「世界的な研究にこだわりながら、住民の方々にも参加してもらう地元密着のプロジェクトを目指す」と抱負を語った。

（2015年4月7日・宮崎日日新聞記事を静岡新聞に加筆掲載）

完成した国際うなぎラボの親ウナギ研究池＝4月5日、宮崎県美郷町

不思議な魚　1

放流に疑問―効果確認へデータ蓄積

「わあ、ぬるぬるする」。子どもたちの歓声が響く。鹿児島県では環境学習に取り入れる小学校も多いウナギの放流。天然ウナギの漁業権を持つ全国の内水面漁業協同組合が毎年続けているが、使われるのは養殖ウナギだ。

放流は「増殖をする場合でなければ免許してはならない（漁業権免許は与えない）」と定めた漁業法に基づく事業。鹿児島県では２０１６年、18の内水面漁協が計９００キロを放す計画だ。

水産庁は放流の効果を調べる名目で養鰻団体に２００７年度から補助金を出す。県内では大隅地区養まん漁業協同組合が14年度、２４００キロを放流した。

放流はウナギの増加に結びつくとの前提に立つ。だが、科学的根拠はない。十分な検証もされてこなかった。むしろウナギの激減とともに、放流への疑問やリスクを指摘する声が大きくなっている。

「野性味を失った状態の養殖ウナギを放流することに意味があるのか。大事なこと

天然と養殖

エビやカニなど硬い生物を食べる天然ウナギに対し、養殖ウナギは魚粉を練り込んだ柔らかい餌を食べて育つ。雌雄比は天然がほぼ1対1だが、養殖は90%以上が雄になる。また、外敵から身を守る天然は夜行性、人間が餌を与える時間に行動する養殖は昼行性。これらの違いにより養殖は自然界への順応が難しく、放流効果を疑問視する専門家は多い。現在、放流した天然、養殖の成長度合いを調べる研究も行われている。

は天然に近い餌を与えるなどして放流用のウナギを作ることだ」と九州大学大学院の望岡典隆准教授（59）。

養鰻業者に聞き取りした中央大学の海部健三助教（41）によると、内水面漁協などに売る放流用のほとんどは、成長が遅く、食用として出荷するには餌代などのコストが高くつくウナギだった。海部助教は低成長の遺伝子を持つウナギが増える可能性を指摘。「放流の効果が不明なまま放置してはならない」と訴える。

12年度から放流調査を手掛ける鹿児島県水産技術開発センターの飼育実験では、出荷サイズのウナギよりも小型の方がミミズなどの生き餌を食べることが分かった。だが、漁場環境部の西広海部長（51）は「小型は鳥の餌食になる可能性がある」と慎重だ。目印を付けて放流後の追跡調査もしており、「データを蓄積し、効果的なウナギのサイズや放流場所を突き止めたい」という。

海部助教はセンターと共同で昨年から養殖と天然を同じ池で飼い、競合する環境下で養殖ウナギの成長を調べている。九州大学の望岡准教授も放流ウナギの追跡調査をしている。ともに鹿児島県の養鰻業者や内水面漁協などでつくるウナギ資源増殖対策協議会の事業だ。

海部助教は言う。「効果が確認されれば、リスクを考慮しながら促進すればいい。

実験池に養殖ウナギと天然ウナギを入れる鹿児島県水産技術開発センター職員＝２０１４年10月、鹿児島県指宿市

問題が明らかになれば、続けるかやめるかの議論が必要。別の増殖法が実行できれば放流にこだわる必要はない」

◇

ウナギは海で生まれて川に入り、一生のほとんどを人間のすぐ近くで過ごし、海に帰っていく。稚魚の時に人間に捕まって「食べ物」になるウナギもいる。こんなに身近な魚なのに、長い旅をする理由など、生態は不思議なことばかり。「生き物」としてのウナギに科学の目で迫る。

（２０１５年６月10日・南日本新聞）

不思議な魚　2

遡上を手助け―機能する魚道 鍵は水流

月がぼんやりと浮かぶ5月27日夜、岡山県倉敷市の高梁川下流で日本大学の研究者たちがライトを手に水面に目を凝らしていた。高さ約3メートルのせきに設置されたコンクリート魚道に、どんな魚が遡上（そじょう）しているのか―。あいにくの潮の流れで生物は少なかったが、魚道の壁をはうように上る一匹の黒い影が姿を現した。

「いた！クロコだ！」

〝うなぎ博士〟こと日本大学生物資源科学部の塚本勝巳教授（66）が声を上げた。クロコとは、体長5センチほどのウナギの幼魚。川の流れに逆らいながら少しずつだが力強く、上流を目指して泳いでいた。

全国の河川に施されたダムやせきなどの「横断構造物」は、人間の暮らしを支え、農業用水の確保などにも役立つ半面、水生生物の遡上を妨げている。生息範囲が狭まれば餌やすみかは減少し、生態系にも悪影響が及ぶ。魚道はそんな構造物に階段やはしごのように取り付け、ウナギやカニなどの生物を上流へ導く役割を果たしている。

日本大学理工学部土木工学科の安田陽一教授（51）によると、全国の河川に設置された魚道は数万カ所。しかし、「本当に機能している魚道はほんの一握り」という。広い川の中でどこに魚道があるのか生物に分からなければ、遡上を助けることはできないからだ。

せきに設置された魚道を調べる日大の研究者ら＝5月27日、岡山県倉敷市の高梁川

重要になるのは、魚を導く〝呼び水〟の作り方。魚には流れに向かって泳ぐ「正の走流性」という特性があり、生物を魚道の近くに呼び集めるには水流を発生させる必要がある。さらに、遡上しやすい水流の強さは生物によって違うため、高梁川の魚道では3種類の強さの流れを作り出している。これにより泳ぐ力が強い魚は急流となる魚道の中央を遡上し、力が弱いウナギやカニなどは最も流れが緩やかな壁際の斜面を伝って上るという。

安田教授は「魚道は、さまざまな知識や経験に基づいて工夫しないと機能しない」と語

遡上と魚道

サケやアユは海で育ち、川に帰って産卵するが、ウナギは逆に海で生まれて川にやって来て成長する。産卵場のマリアナ諸島沖から黒潮に運ばれて東アジアに流れ着いたニホンウナギの稚魚は、幼魚のクロコになると川を遡上し始める。ただ、ダムやせきなど落差を伴う横断構造物は、泳ぐ力の弱い魚の遡上を妨げる。魚道は「fish ladder（魚のはしご）」とも呼ばれ、構造物に設置して魚の遡上を助けている。

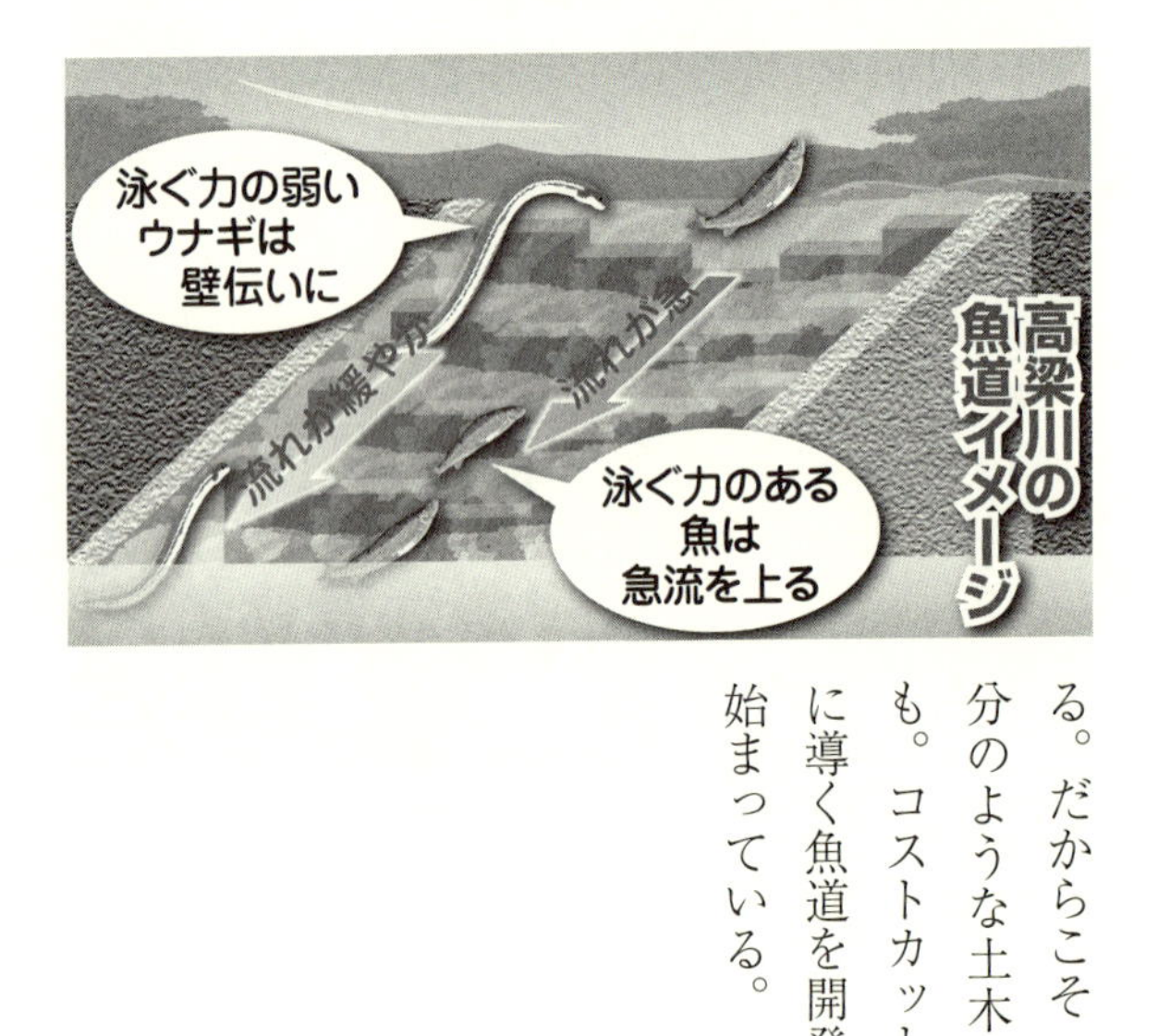

る。だからこそ「塚本教授のような生物の専門家と、自分のような土木の技術者が連携する意味は大きい」とも。コストカットも図りながら、より多くの生物を上流に導く魚道を開発できるか。研究の垣根を超えた挑戦は始まっている。

（2015年6月11日・静岡新聞）

不思議な魚　3

すみか作り—自然に近い「石倉」成果

「たくさん入ってる！」。5月上旬、鹿児島県枕崎市の花渡川（けど）で、九州大学の学生や県職員の歓声が上がった。彼らの視線の先には、石倉かごに入った数匹のウナギがいた。

石倉かごは鹿児島県が九州大学などの協力を得て、2013年9月から開始した取り組みだ。ウナギの生息環境を作ろうと、ポリエステル樹脂製のかごに石を入れて沈めた。石には藻が生え、ウナギのすみかができる。石倉の設置は、川が本来持つすみかの役割を肩代わりするのが目的だ。

かごにはウナギのほか、餌になるエビやカニもいる。年々確認されるウナギは増加。一度入ったウナギには目印を着けており、何度も石倉に来る〝常連〟も見られる。

調査する九州大学大学院の望岡典隆准教授（59）は「（産卵の可能性がある）銀ウナギの個体数が増えている。なぜ増

石倉かご

間口が狭く、奥行きが深い建物を「うなぎの寝床」というように、ウナギは石の間など狭い場所を好む。石倉かごは、伝統漁法の「石倉漁」と河川護岸工事などに用いられる「蛇篭（じゃかご）」を応用。砕石を詰めた樹脂製のかごを川底に設置し、ウナギのすみか作りに活用されている。静岡県などの民間企業によるグループが開発し、九州大が生息調査を続ける。水産庁の水産多面的機能発揮対策事業にも指定された。

えたのか、原因を突き止める必要がある」と課題を挙げる。

江戸時代から全国の河川では石積みの護岸が築かれてきた。隙間がウナギのすみかとなり、いい生息環境が続いてきた。ところが、１９６０年代から防災などを目的にコンクリート護岸が整備され、生物には生存しにくい環境となった。

コンクリート護岸を元の石積みの姿に戻すことは極めて難しい。代替の石倉設置は、水産庁も「水産多面的機能発揮対策」の一環として後押し。２０１４年度は7県が石倉を設置した。

ただ、望岡准教授は「石倉は緊急措置にすぎない。川が持っている本来の力を戻すことが目標」と強調する。

河川を管理する国土交通省も地域の暮らしとの調和や、生物生息環境の保全を目的とした河川改修に乗り出す。08年には多自然川づくりへの基本指針を出した。

指針に伴い鹿児島県は薩摩半島南部を流れる万之瀬川河口部に、有孔管やサイズの異なる石を組み合わせた石張り工を整備。ウナギのすみか作りにも取り組む。県河川課の松元勇技術補佐（53）は「現場の状況を見ながら、できるだけ自然に近い状態になるよう検討している」と語る。

せっかくの試みだが、県庁内でも河川課とウナギ保護を担う水産振興課が情報交換しながら河川整備を進めているわけではない。

「川は本来どうあるべきか。住民も一緒になって考える時期に来ている」。望岡准教授は取り組みの広がりを期待する。

（2015年6月12日・南日本新聞）

設置していた石倉かごを解体し、かごの中身を確認する鹿児島県職員や九州大学の研究者ら＝5月7日、鹿児島県枕崎市の花渡川

不思議な魚　4

生息域の謎―塩分の濃淡 自在に適応

岡山市のベテランウナギ漁師清水魁さん（76）の仕事場は川ではなく、瀬戸内海に面する児島湾。中でも深い青緑の背をしたニホンウナギは江戸時代から「青ウナギ」と呼ばれ、高級食材として珍重されてきた。清水さんは「岡山でウナギと言えば川育ちや養殖ではなく海にいるウナギ。全国的にウナギは減ったと言われるが、児島湾ではそんな感じはない」

近年の研究も、清水さんの感触を裏付けるような新事実をつかんでいる。日本では川ウナギが一般的だが、汽水、海沿岸にそれぞれ居着く汽水ウナギ、海ウナギの方がむしろ多数派なのではないか―という見方が強まってきた。

日本大学生物資源科学部の塚本勝巳教授らは2000年代初頭、三河湾（愛知県）や天草沖（熊本県）、大槌沖（岩

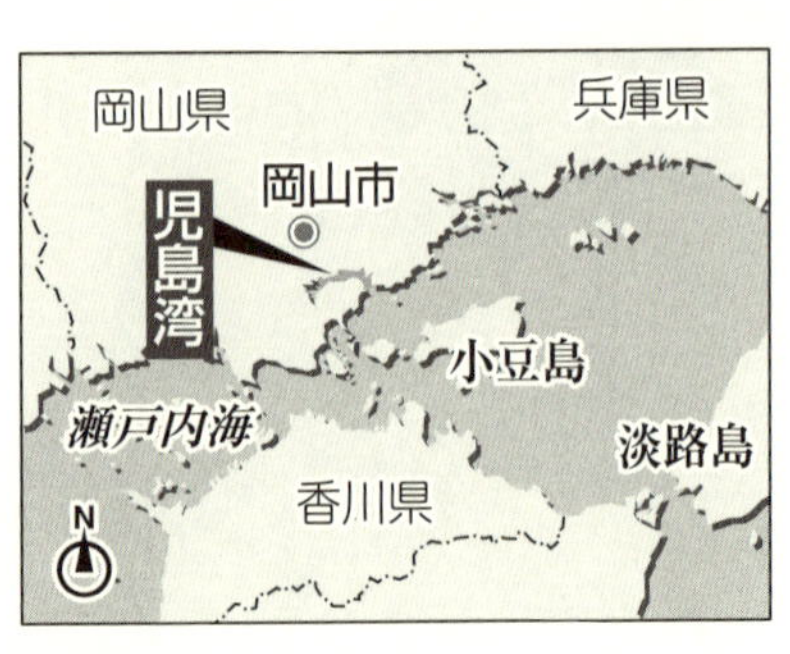

手県）などで、産卵場のマリアナ諸島沖へ向かう親ウナギ５００匹を採取。内耳にある「耳石」で生活履歴を調べた結果、８割超の４２０匹が淡水に入ったことのない汽水ウナギ、海ウナギだった。

塚本教授はそんなウナギが生まれる理由として、マリアナ諸島沖から河口に到達したシラスウナギ（稚魚）の最初の岐路と選択を挙げる。「川の上流を目指す途中、堰（せき）などの障害物にはばまれる、あるいは淡水に慣れるまで滞留している間に密度が高まると、ウナギはストレスを感じ、引き返す個体が出てくる」

岡山県の児島湾のウナギ。背の色が青緑、青、黒などさまざまで、餌の違いに起因すると考えられている。左上が「青ウナギ」で味が良く、高値で取引される（塚本勝巳教授提供）

水産総合研究センター（神奈川県）などは08～10年、産卵のためマリアナ諸島沖にたどり着いた親ウナギの由来の特定を試みた。そもそも大海原でウナギを探しだすこと自体が至難の業で、３シーズンで捕まえることができたのは13匹。うち、主に淡水で生活していたのは2匹だった。

「絶滅危惧種」のニホンウナギの資源量は川ウナギの漁獲量、シラスウナギの採捕量からはじき出され、親になった汽水ウナギ、海ウナギはほとんど考慮されていない。種としての存続が危ぶまれているが、その実態は人間の見立てとは大きく懸け離れているかもしれない。

同センターは「例えば中国の揚子江河口域などには広大な浅海域がある。海ウナギも相当数に上るという想像もできるが、情報は全くない」。淡水と汽水と海水に自在に適応する分、ウナギは全貌がつかみづらい、ミステリアスな魚と言える。

（2015年6月13日・宮崎日日新聞）

不思議な魚　5

レプトの長旅―黒潮に乗り損ね死滅も

ニホンウナギの幼生「レプトセファルス」は葉っぱのような平べったい形をしていて、泳ぎはうまくない。マリアナ諸島西方海域でふ化後、複数の海流に身を任せて約2千キロ離れた日本など東アジアを目指す。東京大学大気海洋研究所の木村伸吾教授（53）＝海洋物理学＝は「異常気象による海流の変化などもあり、無事にたどり着くのは容易なことではない」と言う。

生まれたばかりのレプトセファルスはまず、北赤道海流で西に流される。分岐点がフィリピン沖にあり、そこから北に向かうのが黒潮、南に向かうのがミンダナオ海流。北赤道海流にもまれながら海流の北側を進むのが理想的で、そうすれば黒潮に乗り換えやすくなり、日本や中国、韓国、台湾がぐっと近づく。しかし、いったんミンダナオ海流に乗ってしまうと東南アジアに運ばれ、海の藻くずとなる「死滅回遊」になってしまう。

木村教授らによると２００９年、ニホンウナギの回遊に明確な異変が起こった。太

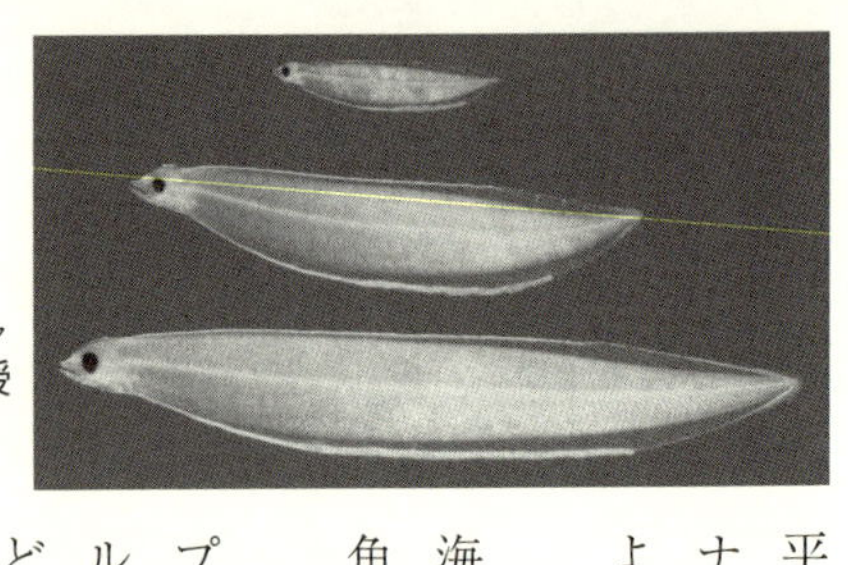
ニホンウナギのレプトセファルス（塚本勝巳・日本大教授提供）

平洋東部赤道海域の海面水温が高くなるエルニーニョ現象が発生したことで、マリアナ諸島西方海域に発生する積乱雲の位置が変化。積乱雲のそばにできる産卵場が従来より200キロ余り南に移動した。

結果、生まれ出たレプトセファルスの多くが北赤道海流の南側を漂い、ミンダナオ海流にのみ込まれたとみられる。09年冬から10年春までの日本国内のシラスウナギ（稚魚）採捕量は前年の4割にも満たない9トン強だった。

木村教授がコンピューターで再現したシミュレーションも異常気象に翻弄（ほんろう）されるレプトセファルスを裏付ける。エルニーニョ現象下の西太平洋の海流に、レプトセファルスに見立てた粒子千個を流したところ、日本沿岸に到達できたのは通常の半分にとどまったという。

また、最近の研究では回遊ルート上に大きな渦が不規則に発生、レプトセファルスをのみ込み、長期間足止めさせていることも分かっている。神奈川県・相模川では10、11年の2年連続で、例年1～3月に遡上（そじょう）のピークを迎えるシラスウナギの大群が5、6月に来遊。日本の川とは一見無関係な遠洋上の渦が、漁期を過ぎた遡上、ひいては不漁の要因となっている可能性もある。

木村教授は「ウナギ減少の理由としてシラスウナギの乱獲や河川環境の悪化がまず

挙がるが、日本から遠く離れた海洋の、ダイナミックな気象変化も無関係ではないとみている」と話す。

（2015年6月14日・宮崎日日新聞）

ニホンウナギのふ化後の移動シミュレーション

通常の年
産卵地点から出発したウナギは、北赤道海流と黒潮に乗って、多くの個体が日本沿岸へとやってくる

エルニーニョ現象が発生した年
海流の強さや向きが変化し、多くのウナギが、ミンダナオ海流に乗って、南へと流されていく

0日 50日 100日 150日 200日
※色は出発（産卵）後の日数。何日後、ウナギがどこにいるのかを示す

提供：東京大大気海洋研究所　木村伸吾教授

不思議な魚　6

完全養殖　良質な卵─雌化成功後も難題続く

実は、ニホンウナギのシラスウナギ（稚魚）をただ養殖すると、9割前後は雄になる。性別は体長25～30センチに育った時点で分かれるが、養殖池の高水温や大量飼育が雌雄決定に影響しているというのが通説。絶滅が心配されるウナギの完全養殖を目指す研究者らにとって、卵を産む雌を究めることは1970年前後から重要テーマであり続けてきた。

研究が一気に加速したのは1988年。愛知県水産試験場が、シラスウナギに性ホルモンを混ぜた餌を与え、ほぼ100％雌にすることに成功した。さらに91年、雌化したウナギに別の2種類のホルモンを投与し、卵の成熟と産卵を誘発。100万個の卵から、やがてシラスウナギへと成長する幼生2500匹をふ化させた。

「完全養殖技術の確立へ大きく進むと思っていた」。研究に携わった同県水産課の立木宏幸課長（55）は振り返る。それから四半世紀。いまだ完全養殖の実用化には至っていない。立木課長は「年月の長さにあらためてウナギの難しさを感じている」

大量生産へのネックの一つは、雌化したウナギが産む卵の質。同試験場などの手法では卵の成熟にばらつきがあり、改善を重ねてもふ化までたどり着くのは4割前後にとどまる。

水産総合研究センターから取り寄せた、餌に性ホルモンを混ぜて人工的に雌化させたウナギ＝6月12日、宮崎市の宮崎大

宮崎大農学部の香川浩彦教授（61）＝魚類繁殖生理学＝は「卵を成熟させるため雌に投与するのはサケ抽出のホルモン。異種のホルモンが成熟の過不足を招いている」とみる。「より自然に近い環境で成熟を促せないか」。外界の光や音などの刺激が雌に与える影響を解き明かそうと基礎研究を重ねる。

国立機関である水産総合研究センター増養殖研究所玉城庁舎（三重県）も同じ発想から、ウナギ本来の生殖腺刺激ホルモンを人工的に合成する方法を開発。3年前に安定生産が可能となった。同センターの風藤行紀主任研究員（43）は「成熟度のそろった卵を安定して

完全養殖

人工的にふ化させた稚魚を成魚まで育てて産卵させ、その卵からさらに成魚を生産する養殖技術。国内ではマダイやヒラメ、トラフグなどで確立。近年では近畿大がクロマグロで成功し、市場への流通も始まっている。ニホンウナギは2010年に水産総合研究センターが成功させたが、生産効率を高めることが課題となっている。

得られている」と成果を強調。投与のタイミングや濃度など微調整を残すのみとなっており、すでに同研究所志布志庁舎（鹿児島県）ではこのホルモンを使った受精卵の生産も始まった。

日本食に根付いたウナギの完全養殖の実用化は、クロマグロと並ぶ国内水産学会の悲願。シラスウナギの漁獲減や国際的な保護機運の高まりも相まって、各分野での研究が急ピッチで進んでいる。

◇

ウナギの養殖種苗は100％天然のシラスウナギだ。天然資源に依存しているうちは、関連産業も食文化も好不漁に左右される。「不思議な魚」後半は、国が2020年の実用化を目指す完全養殖の「今」に迫る。

（2015年6月16日・宮崎日日新聞）

不思議な魚　7

完全養殖 受精卵100万個―幼生までは量産に到達

6月11日午後3時すぎ、鹿児島県志布志市にある水産総合研究センター増養殖研究所志布志庁舎。今泉均主任研究員（55）が暗闇に置かれた水槽を懐中電灯で照らすと、水中に漂う直径1・5ミリほどの無数の球体が浮かび上がった。

「今日生まれたウナギの卵。受精卵を含めて水槽五つで100万個あります」。今泉さんは説明する。受精卵は翌日ふ化し、4～5日齢まで育てた後、幼生（プレプトセファルス）段階で南伊豆庁舎など国内の別の研究所に発送。「完全養殖のウナギ量産化」に向けた研究の最前線で利用される。

量産化に欠かせない、大量の幼生の安定供給は、2014年11月に可能になったばかりだ。受精卵を100万個単位で生産できる施設は、世界中を探しても志布志にしかない。

実用化の鍵となったのは、雄ウナギの性成熟の技術進歩だった。ウナギは川や養殖場ではどんなに大きく育っても、決して生殖可能な状態にはならない不思議な性質を

ウナギ統合プロジェクトチーム

国立研究開発法人・水産総合研究センター（横浜市）内の増養殖研究所などが中心となり、「シラスウナギ安定生産」と、生態解明などの「持続的利用」を調査研究する。シラスウナギ分野では主に、餌の開発など基礎研究を行う増養殖研究所南勢庁舎（本所、三重県・南伊勢町）、シラスウナギの大量生産に取り組む南伊豆庁舎（南伊豆町）、ふ化した幼生の大量供給技術を開発する志布志庁舎（鹿児島県志布志市）がある。センターは第１段階として、試験養殖のためのシラスウナギ１万匹の生産を目指す。

持つ。

自然界では、川で育った親魚は、産卵場のマリアナ諸島沖を目指して海に戻る。いわゆる「下りウナギ」で、その時から性成熟が始まる。施設では、飼育用の水を淡水から海水に変えることで、成熟の〝スイッチ〟を入れ、人工ホルモンを使って成熟を促す。

志布志では昨夏、改良ホルモンを使った試験を繰り返し、従来は全体の３割しか得られなかった活性のある良質な精子を、ほぼ１００％得られるようになった。量も増えた。さらに人工授精ではなく、特殊な産卵水槽に複数の雄と雌を一緒に入れる「自然産卵による受精」にも成功。大量の受精卵を安定して得ている。

今では卵の状態を見ながら「３日後に産卵させる」などのコントロールも可能で、１００万個単位の受精卵や幼生を、欲しい時につくれる技術の確立にめどがたちつつある。

だが、年間を通じて安定してウナギを成育・成熟させられるかはまだ未知数だ。コスト面やホルモン改良など乗り越えるべき課題も少なくない。それでも「親魚成熟－産卵－幼生の量産」の流れは産業化に近いレベルまできている。

国内の養鰻業者が必要とするシラスウナギは年間1億数千万匹。志布志の技術を使えば、幼生をそろえることは視野に入った。「残る難関は幼生をシラスウナギに育てる技術。いかに短い育成期間で生存率を高くできるかだ」。研究者は口をそろえる。

（2015年6月17日・南日本新聞）

水槽の中を漂うウナギの受精卵。「欲しい時に欲しいだけ」の幼生生産が可能な技術が確立されつつある＝6月11日、鹿児島県志布志市の増養殖研究所志布志庁舎

不思議な魚　8

完全養殖

餌の開発―生存率高め　稚魚に育成

ふ化後12日目、体長8ミリほどのニホンウナギの幼生がボウル形の水槽で泳いでいた。6月8日、三重県南伊勢町にある水産総合研究センター増養殖研究所南勢庁舎の飼育室。古板博文主任研究員（47）がペースト状の餌を与えると、幼生はつつくように食べ始めた。たちまち濁り始める水槽に目をやりながら、古板研究員がつぶやいた。「今の餌では手間が掛かる上に成長も悪い」。

幼生を稚魚へと安定的に成長させるために、鍵を握るのは新たな餌の開発だ。これまでに使用されてきた主な原料は、絶滅危惧種候補のアブラツノザメの卵。このまま使い続けては、いずれは行き詰まる可能性が高い。サメ卵に依存しない餌を作ることが、完全養殖の実用化に避けて通れない重要な課題になっている。

日本から遠く離れたマリアナ諸島沖で生まれるニホンウナギの幼生は、水中を漂うプランクトンの死骸「マリンスノー」を食べるとされる。ただ、それを大量に集めたり作ったりする技術はまだない。マダイやヒラメなど完全養殖技術が確立した多くの魚に共通する餌も、ウナギは食べない。そんな不思議な特性が餌の開発を難しくさせている。

同研究所では、12個の水槽に作り方や配合が異なる数種類の餌を別々に入れ、飼育する幼生の成長具合や生存率を調査。そこで得られたデータを元に、ウナギの幼生にとって最適な餌を開発する。ウナギ量産研究グループの田中秀樹グループ長（57）は、タンパク質やビタミンなどの栄養分を考慮し、農畜産物などを組み合わせた餌で「ある程度の可能性がみえてきた」と話す。

田中グループ長は、新たな餌の当面の目標として「サメ卵と同等の生存率」を掲げる。だが、それも平均は5％を下回り、量産化には遠い。さらに現在のペースト状の餌は水中ですぐに分散してしまうため、多くがウ

ニホンウナギの幼生にピペットで餌を与える古板博文主任研究員＝6月8日、三重県南伊勢町の水産総合研究センター増養殖研究所南勢庁舎

餌

マダイやヒラメなど完全養殖に成功した海産魚の多くは、ふ化後、配合飼料を食べるまで、大量培養が可能なシオミズツボワムシや小型の甲殻類のアルテミア幼生などが餌として与えられている。ウナギの幼生（レプトセファルス）はこれらの餌をほとんど食べず、成長しない。顎などの構造が特殊なことが理由と考えられている。体長５～６センチの稚魚（シラスウナギ）にまで生育したウナギの餌は既に確立し、養殖場などで用いられている。

ナギの口に入らずに捨てられてしまう。飼育下の幼生は天然に比べて成長が遅いのも生存率を下げる要因の一つだ。

これらの課題克服は、餌の開発を進める研究者の使命。ただ、「餌で生存率を上げるだけでは量産化にはつながらない」と田中グループ長は語る。大量飼育や良質な卵の採取など、ほかにも多くの難題が残されているからだ。多岐にわたる研究をバランス良く進めることが「完全養殖実用化への近道」という。

（２０１５年6月18日・静岡新聞）

不思議な魚　9

完全養殖

大量飼育―大型水槽に最先端技術

ふ化直後のウナギの幼生を、いかに効率よく稚魚に育てるか―。安定した種苗生産は完全養殖の実用化には不可欠だが、皮膚や消化機能が未発達な幼生を大量飼育する技術はまだ確立されていない。費用対効果にも絡むこの難題に挑むのは、伊豆半島南端にある水産総合研究センター増養殖研究所の南伊豆庁舎（静岡県南伊豆町）だ。

「これが大型水槽で育ったウナギ。順調です」。同研究所資源生産部の桑田博部長（57）が6月11日、水の中を勢いよく泳ぐウナギの幼魚を見せてくれた。同研究所が開発した容量千リットル（1トン）の大型水槽で幼生から稚魚まで育てた後、今は別の水槽に移して飼育している。海を知らないウナギだ。

大型水槽での幼生飼育が始まったのは2013年6月。2万8千匹の幼生を一度に飼育し、1年半で441匹の稚魚を育てた。

生存率はわずか1・6％。従来の小さな水槽（5～10リットル）の4～5％には及ばないが、「近い将来には追いつきたい」と桑田部長。生存率を従来と同等まで上げられれば、10リットル水槽100個を管理する手間が1トン水槽1個に集約できる。国内養殖に必要な稚魚は年間で約1億匹とされ、1トン水槽を発案した増田賢嗣主任研究員(40)は「さらなる大量生産には、ウナギの個体管理から魚群管理への転換が不可欠」と大型化の必要性を説く。

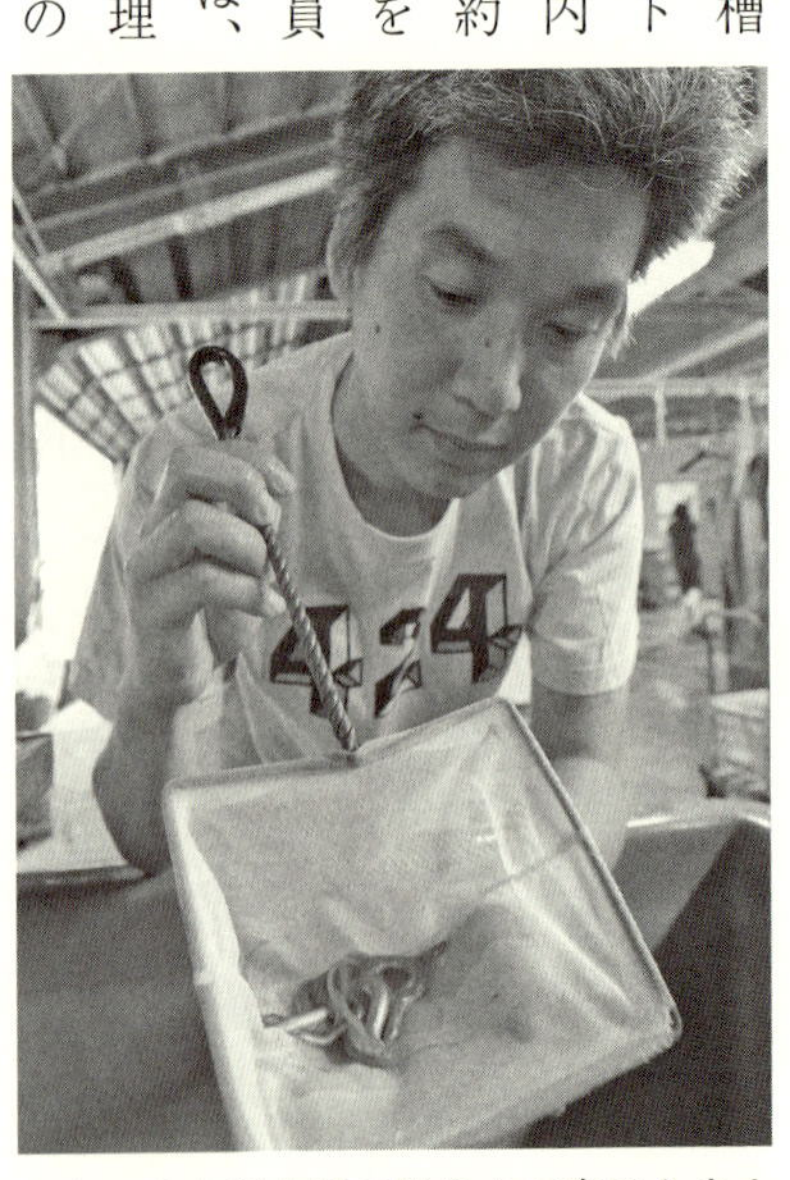

1トンの大型水槽で稚魚まで育てたウナギの幼魚＝6月11日、南伊豆町の水産総合研究センター増養殖研究所南伊豆庁舎

大型水槽は縦約1・5メートル、横約1メートル、高さ0・8メートルの塩化ビニール製で、内部はかまぼこを逆さにしたような形。1トンの海水を入れた二つの水槽を10本の管でつないで幼生を行き来させることで、交互に空く水槽を掃除できる。これにより、給餌による水の濁りで死んでしまう幼生の生育環境を大型水槽でも管理できるという。

現在、流体力学の専門家も加えた研究チームが15個の1トン水槽で幼生を飼育。水の流し方や給餌方法など異なる条件を設定し、ふ化後2カ月ほどの生存率を繰り返し調べている。餌の自動供給や水の入れ替えなどの機器開発も進めながら最適な環境を作り、今秋にも長期的な稚魚の大量飼育に乗り出す計画だ。

「ゴールを見据え、埋めるべきピースを埋めるだけ」と増田研究員は語る。科学の世界は失敗がつきもの。努力が結果に結びつくとも限らない。それでも日々、地道にウナギと向き合う。その先に、未来へつなぐ「大きなジャンプアップがある」と信じている。

（2015年6月19日・静岡新聞）

完全養殖の歴史

1961年	東京大が雄の成熟に初めて成功
62年	静岡県水産試験場がウナギの成熟促進試験を開始
66年	東京大が完熟卵の採取に成功
73年	北海道大が世界で初めてニホンウナギの人工ふ化に成功
91年	愛知県水産試験場がホルモンで雌化した親魚から幼生の育成に成功
93年	効率的な排卵促進法を開発。幼生が18日間生存
95年	採卵後、イトミミズやワムシなどを給餌したが、成長せず
96年	サメ卵の餌による一定の成長を確認
99年	世界で初めて人工的に幼生の育成に成功
2003年	世界で初めて人工的に稚魚（シラスウナギ）に育成
10年	世界で初めて実験室でのウナギの完全養殖に成功
13年	1トンの大型水槽で稚魚への変態を確認。1年半で441匹を飼育

不思議な魚

なつしま特集

産卵の瞬間撮れ―「UFO計画」3年目

太平洋マリアナ諸島沖でニホンウナギの卵が初めて発見されてから6年。ウナギの生態に迫る研究は続く。

広い海の中で、雄と雌はどうやって産卵場に集まるのか。まだ誰も見たことがないウナギの産卵シーンを突き止めるため、日本大学生物資源科学部の塚本勝巳教授(66)らの研究チームが2015年5月5日、マリアナ諸島沖の産卵海域に向け出航した。調査は24日までの予定。産卵の謎を解く鍵は、研究から導き出した仮説と最新鋭の機材が握る。出航直前の4月30日、海洋研究開発機構(JAMSTEC)=神奈川県横須賀市=の調査船「なつしま」(1739トン)を訪ねた。

調査船「なつしま」の船尾に設置された巨大なクレーン。ウナカムなどの装置をピンポイントで海中に投下する

◀産卵シーンの撮影装置「ウナカム」を囲む日大研究チームとＪＡＭＳＴＥＣのメンバー。箱状の装置を大小計6基投入し、決定的瞬間を狙う＝4月30日、神奈川県横須賀市の横須賀港に停泊中の調査船「なつしま」船内

▲今回の調査で初めてウナカムと連動させる「ＣＴＤ採水器」。センサーで塩分濃度や温度などを計測しながら、海水を採取する

▲海中撮影装置「ウナカム」のライト。水圧に耐えられるよう、球体の特殊ガラス容器に入れて使用する

▲海中撮影装置「ウナカム」のカメラのレンズ部。手にするのは研究チーム・ウナカム担当の芹沢健太さん（日大4年、静岡県裾野市出身）

海洋研究開発機構＝JAMSTEC（ジャムステック）

文部科学省所管の独立行政法人。本部は神奈川県横須賀市夏島町。政府、産業界からの出資金、寄付金をもとに1971年設立された海洋科学技術センターと、東大海洋研究所の船舶運航部門が2004年に統合した。大陸棚の資源や気候変動、深海の生物、地震など、海洋・海底に関するさまざまな研究開発を進める。

「これがウナカム。産卵の瞬間をとらえる装置です」。デッキに置かれた高さ2メートルの箱型のフレームを示しながら、ＪＡＭＳＴＥＣグループリーダーの三輪哲也さん（51）が説明してくれた。上部にカメラとライトを取り付け、深さ１５０～２００メートルの海中で産卵シーンを狙う今回の調査の〝主役〟だ。

カメラとライトは、球体の特殊ガラスに包まれていた。ガラスは厚さ約1センチ、水深8千メートルにも耐えられるという。タイマーで1時間ごとに3分間の光を放ち、暗闇での産卵の撮影を可能にする。

ウナカムの投入ポイントを事前に探すのが今回初導入の「ＣＴＤ採水器」。12本のタンクを取り付け、採取した海水に含まれる雄ウナギの精子を調べる。産卵行動の予兆がキャッチできれば、ウナカム撮影の成功率は格段に上がる。

これらの装置は、船尾にある巨大なＡフレームクレーンで海に沈められる。なつしまはこのクレーンを利用するため、船体の重心が低く設計されているという。えりすぐりの機材をそろえ、三輪さんらは「今年こそ、産卵シーンを見たい」と意気込む。

ウナギの完全養殖は10年、独立行政法人の水産総合研究センターが世界で初めて成功した。ただ、餌のコスト削減をはじめ、実用化には多くの課題がある。水温、塩分、光条件など、産卵環境について詳しいことが分かれば、完全養殖の技術開発が大きく

「人類初」の感動　今回も―駿河丸の産卵場調査に２度参加した静岡県水産技術研究所の鈴木邦弘氏のメッセージ　遠くマリアナの海で採取したプランクトンは宝石のように光り輝いていた。その中からウナギのレプトセファルスを探すのは地道で過酷な作業だった。最初の１匹を見つけた時の感動を今も鮮明に覚えている。塚本勝巳日本大学教授はこのような苦難と感動を何度も経験され、人類初となるウナギの産卵の目撃者になろうとしている。飽くなき探求心と少年のような心が導いたクライマックス。大いに楽しんで、大願を成就されることを切に願いたい。

進む。

「出会いの場」ポイント絞る

２０１３年からウナギ産卵調査で実施されているのが「ウナギＵＦＯ計画」。海中を漂わせるウナカムをＵＦＯに見立て、ウナギの産卵シーンを動画撮影する試みだ。

昨年までは成熟した雌をおとりに使い、寄ってくる雄との産卵行動を調べようとした。今回は予想海域の水を直前に採取し、成熟期のウナギが放出する精子を測定。濃度の高いポイントを産卵場所の近くとみて、ウナカムを海中へ投入する。

その海域を予想するには、ウナギが集まる〝目印〟を探す必要がある。今回、調査チームが手掛かりにするのは「潮汐(ちょうせき)エネルギー」。潮の干満によって起こる海面の上下運動にウナギが反応し、産卵に集まってくるのでは―との仮説を立て、宮崎県の研究施設「国際うなぎラボ」のジオラマで、海流の動きを実験で調べた。

研究員の渡辺俊さん（43）は「産卵場所は少しずつ的が絞れてきている。昨年までの調査とは全く違う」と自信をのぞかせた。

海山仮説と新月仮説

　広い海の中、たくさんのウナギの雄と雌が繁殖のために集まる「約束の地」「約束の時」を絞り込んだ。東アジアから南の海に下るウナギたちは、海底山脈を道しるべのようにしてマリアナ海嶺南部のスルガ海山付近の狭い範囲に集まり、敵に見つかりにくく、潮流が速くて受精卵が一気に拡散する新月の日に産卵するのではないかと考えた。この仮説に基づき調査地点と日程が決められ、プレレプトセファルスや卵の発見につながった。

産卵場調査の歩み―「駿河丸」活躍 海底火山の名に

　ウナギがどこで生まれるかの調査は地中海、大西洋から始まった。1922年、ウナギの産卵場が大西洋のサルガッソ海にあるという論文が発表されると、日本でもウナギ生態研究の関心が高まった。

　太平洋では67年、初めてのレプトセファルス（幼生）が台湾南東海域で発見された。この時、産卵場は沖縄近海ではないかと推定された。

　73年以降、東大海洋研究所の「白鳳丸」（3991トン）などが、海流をさかのぼってできるだけ小さいニホンウナギのレプトを見つけようと調査を続けた。調査時期を冬から夏に変えた91年、マリアナ諸島西方沖で10ミリ前後の小型レプトが採集され、産卵場がほぼ特定された。

　産卵場調査には静岡県水産試験場の「駿河丸」（134トン）も97～2000年に参画し、小回り

ニホンウナギの受精卵を求めマリアナ諸島沖に出航する県調査船「駿河丸」＝2000年5月24日、焼津市の小川港

のきく船体で小型レプトが採れた近くの海底火山も調べた。この海山は海底から約4千メートル、頂上の水深約40メートル。富士山が海に沈んでいるようなイメージだ。調査した駿河丸の名をとって「スルガ海山」と命名された。

太平洋のウナギ産卵場調査の歴史

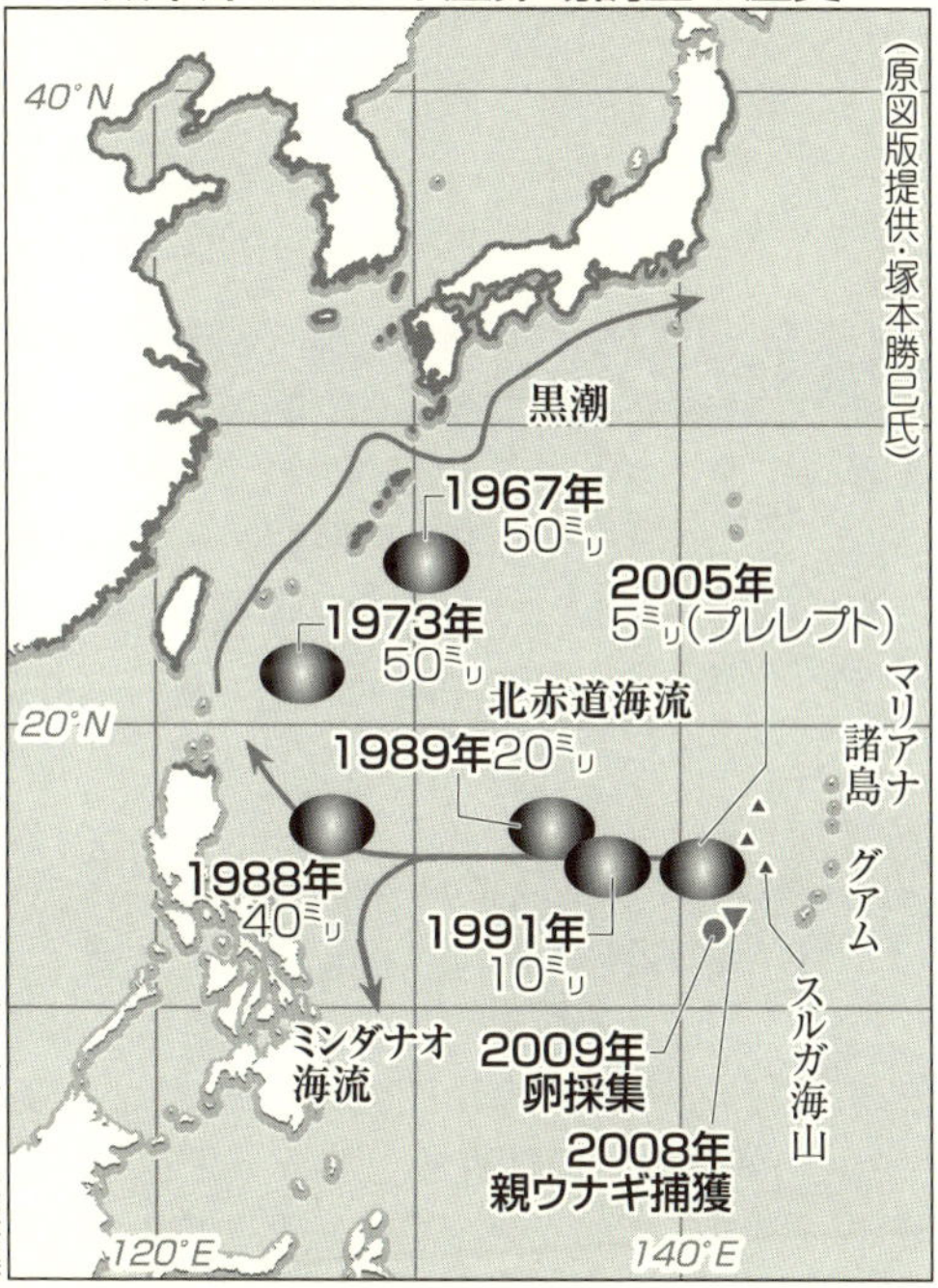

（原図版提供・塚本勝巳氏）

●と数字は当時の推定産卵場の位置と航海が行われた年。大きさは採集されたレプトセファルスのおおよその体長。沿岸部の━━はニホンウナギの主要な分布域。

スルガ海山の西で05年、ふ化後2日しかたっていないプレレプトセファルス（仔魚）が採れた。そして2008年、水産庁の大型トロール船「開洋丸」（2630トン）がスルガ海山からやや離れた海域で親ウナギ捕獲に成功。09年5月22日未明、白鳳丸がついに受精卵を採集した。新月の2日前だった。

雄と雌が出会う「約束の地」は、塩分濃度の境目近くにあり、産卵は新月の2～4日前に、ほぼ同一海域で行われるらしい。

（2015年5月6日・静岡新聞）

※レプトセファルスをレプトと略して表記

９１年	▶ 東大海洋研究所、航海時期を夏にし第5次調査。小型レプト958匹採集。ニホンウナギの産卵場ほぼ特定
９７年	▶ 静岡県水産試験場の「駿河丸」が産卵場調査に乗り出す。測深した海山を「スルガ海山」と命名
９８年	▶「海山仮説」「新月仮説」に基づく大規模な国際共同研究。潜水艇「ヤーゴ」使用
２００５年	▶ スルガ海山西方約100㌔でプレレプト110匹採集
０８年	▶ スルガ海山を白鳳丸と集中調査後に南下した水産庁「開洋丸」が親ウナギ捕獲

開洋丸（画像提供・水産庁）

０９年	▶ 5月22日、スルガ海山の南西で世界で初めて受精卵を採集
１１年	▶ 100個以上の卵を採集
１３年	▶ 産卵シーンのビデオ撮影を目指す「ウナギＵＦＯ計画」始まる

ウナギ産卵場調査の軌跡

1892年	▶ レプトがウナギの幼生であることが判明
1920年ごろ	▶ シュミット（デンマーク）が大西洋のサルガッソ海にヨーロッパウナギ、アメリカウナギの産卵場があることを発見
30年代	▶ 日本近海で太平洋のウナギ産卵場調査が始まる
67年	▶ 台湾南東海域で、太平洋初のレプト見つかる
73年	▶ 東大海洋研究所が「白鳳丸」で産卵場調査開始。台湾沖でシラスウナギと変態期のレプト各1匹、台湾東方沖で変態期含めレプト52匹採集
86年	▶ フィリピン東方海域で体長40ミリ前後のレプト21匹採取
88年	▶ 鹿児島大の「敬天丸」がフィリピン海のほぼ中央部で全長20～30ミリ台のレプト7匹を採集
89年	▶ 2代目白鳳丸が進水

白鳳丸（画像提供・海洋研究開発機構）

不思議な魚

インタビュー

ウナギ学研究室　謎追いヒントつかむ

日本大学生物資源科学部（神奈川県藤沢市）の「ウナギ学研究室」は、自然科学、人文科学、社会科学など多様な切り口からウナギを〝料理〟する。指導するのは、「うなぎ博士」としても知られる塚本勝巳教授（66）。

2013年に設置されたこの研究室には現在3、4年生と特別研究員など計15人が在籍する。学生は3年次にウナギの基礎知識を学び、4年からは、各自テーマを決めて研究を始める。

ウナギの魅力は「知れば知るほど興味が湧く点」と話す樋口貴俊さん（22）は、ニホンウナギが産卵地点を決定するメカニズムをテーマに選んだ。塚本教授らの調査で、産卵場は太平洋・西マリアナ海嶺南端部の南北約300キロと分かったが、より具体的な地点は特定されていない。

これまでの研究から、塩分濃度の違う水の境界が関係しているとみられるが、「まだ解明されていない。海の中にできる波（内部波）の大きさが影響しているという仮

多様な視点でウナギを研究する「ウナギ学研究室」。塚本勝巳教授（左から3人目）が指導に当たる＝神奈川県藤沢市の日本大学

説を自分で検証してみたい」と樋口さんは話す。

樋口さんは14年5月、研究室のメンバーらとニホンウナギの産卵生態を調べる約1カ月間の海洋調査に参加した。出港直後の2、3日間は荒天に見舞われ、後半は炎天下での作業に追われた。初の海洋調査は「予想以上に体力勝負だった」と振り返る。苦労して採取した最新データの解析に取り組んでいる。新たな発見のヒントはつかめるか――。

▽塚本勝巳博士に聞く

産卵場へ帰そう

――ニホンウナギへの注目度はこれまでになく高まっています。今、最も必要な保護策とは何でしょう。

「稚魚の保護につながる養殖量削減も大切だが、川から海に下る天然ウナギの保護が急務。多くの親ウナギを産卵場のマリアナ諸島海域に帰すことができれば、資源の回復はかなり期待できる。国や県は、特に趣味で天然ウナギを釣る遊漁者への規制、禁漁などの措置を全国で講じてほしい」

――とは言え、消費者はウナギを食べたい。

「安くておいしいウナギを求める気持ちはみんな同じだが、資源が非常に減っているという現状を顧みて、ぜひウナギを大切に食べてもらいたい。養殖ウナギの元は全て天然の稚魚で、稚魚は何千キロもの旅をして日本にたどり着く。われわれは、貴重な野生生物を食べていることを意識してほしい」

――長年、海に川に、ニホンウナギを追い続けて研究してきました。

「他の魚も研究したが、ウナギほど謎に満ちた魚はいない。ニホンウナギの卵の発見までたどり着いたが、まだ産卵しているところは誰も見ていない。ぜひ次は産卵の現場に立ち会いたい」

――ロマンがありますね。

「広い海の中で、雄と雌がどうやって出会うのか、本当に不思議。出会う場所には地磁気、海流、においなどさまざまな特異な条件があるはず。それが解明できれば、ウナギにとどまらず、海で産卵する多様な海洋生物の生態解明にもつながる」

（2015年1月1日・静岡新聞）

▽インタビュー　黒木真理・東京大大学院助教

理系も文系も〝つかむ〟魅力

生き物、食べ物、民俗・文化—。さまざまなかたちで身近にいるウナギ。生態研究や著書などを通じて、ウナギの魅力と、文化や資源の保全の重要性を訴える東京大大学院農学生命科学研究科の黒木真理助教にウナギ研究の面白さを聞いた。

◇

——ウナギを研究し始めたきっかけは。

「大学時代には魚の分類学を勉強していたが、より生態学の勉強をしたいと思った。その中でも、海と川という全く環境の異なる場所を何千キロも旅するウナギに興味を持った。なぜそれだけの距離を移動する必要があるのか不思議。同じく回遊する魚にサケもいるが、当時、ウナギは解明されていない謎が多い魚だった」

——これまでの研究は。

黒木真理（くろき・まり）
　東京大学大学院農学生命科学研究科助教。2007年に同研究科博士課程を修了し、米・ワシントン大学客員研究員や東京大学総合研究博物館助教などを経て、14年から現職。専門は魚類生態学。編著書に「ウナギの博物誌」（化学同人）や「うなぎのうーちゃんだいぼうけん」（福音館書店）など。鹿児島県出身。36歳。

「大学院時代には熱帯ウナギの生活史をテーマにした。亜種を含めた19種のウナギの大半は熱帯に生息しているが、ニホンウナギやヨーロッパウナギに比べて研究が進んでいない。魚の内耳にある組織『耳石』の研究もしていた。耳石は魚の履歴書とも言われ、成分を調べることで、ウナギの移動履歴が分かり、生活史の解明や産卵場調査にも役立つ」

――編著書で提唱している「うなぎ博物学」とは。

「科学の研究を続けていると、古くから食べ物として親しまれているウナギや、文化に根付いたウナギに行き着く。自然科学、社会科学、人文科学と分野は違うが、オーバーラップしている。異なる分野を知ることで、新たな視点の研究が生まれることもある。総合的にウナギを捉えるのが博物学」

――科学、社会、文化、それぞれの分野の面白さは。

「生物としては、いくら研究してもいまだ分からない部分があって奥深い。社会科学は食資源としてのウナギを支える養鰻の発展や、資源保全の問題、河川環境の変化などがあり、私たちの生活に身近な分野。世界各地にウナギが分布し、それぞれ独自の文化が根付いているのも魅力だ。日本では、落語の題材になったり、浮世絵に描かれたりしている。信仰の対象になっている地域もあり、文化の側面がウナギの豊かな一面を引き出している」

――科学者として研究する意義は。

「生態学的な興味から研究を始めたが、昔から食べ物として親しまれているウナギを将来も食べていくためには、まずはウナギをよく知ることが大切。完全養殖技術の向上や資源管理に、生態学的な知見から貢献したいと思っている」

（2015年7月2日・静岡新聞）

不思議な魚

寄稿

阿井渉介・作家（静岡県焼津市在住）

岐路に立つ比類なき魚―産卵海域調査に同行

遥(はる)か南の海には、グリーンフラッシュが現れる。日が水平線に沈む一瞬、緑色の輝きが天空を占めるのである。

足かけ12年、毎年の夏、ニホンウナギ産卵場調査の白鳳丸に乗せてもらい、グアム沖に航海した。最初の年はレプトセファルス（ウナギの仔(こ)）一匹採れなかったが、続く10年間の、とりわけ後半は発見のゴールドラッシュとなった。プレレプトセファルス（孵(ふ)化直後の仔）を採り、ついに卵を採って、世界のウナギの中で唯一、産卵場を特定したのである。２００９年、その歴史的瞬間に、私は立ち会うことができた。

前夜、２個の卵が採れて、船は採れた場所に急旋回し戻ろうとしていた。船内には冷静な興奮とも言うべき高揚があった。私もこの目で卵を見たいと、秘かに焦っていた。

卵の採れた地点から、海流の方向、速度を計算して、ネットが投ぜられた。ネットがこし採ってきたプランクトンを、直径15センチのシャーレに移し、肉眼で卵をさがす。

卵は直径1・6ミリ、完全な無色透明、シャーレの水を動かし光の当て方を変え、本来見えないものを見なければならない。

シャーレの中に、煙のように群がるプランクトンを、疲れた老眼で選別していると、片隅に極小の緑の閃光（せんこう）を見た。

閃光の元に、卵のかすかな輪郭が見えた。

それまでに何百個の卵を見たかわからない。今度こそ間違いなくニホンウナギの卵だと思ったものが「×」と判定され、虚脱したことも何度かある。だが、この緑の閃光を見た瞬間、「これだ」と思った。

その後、ニホンウナギの卵はプリズムのように虹色に光るとわかった。グリーンフラッシュの本物には、ついにお目にかかれなかったが、それよりも数等すぐれて意味のある緑色の閃光は、いまだ私のまぶたの内にある。

ニホンウナギは比類のない魚である。

たった一種の魚（蒲焼き）が通年で一つの店を成立させている例は、世界でもウナギ以外では珍しい。稀有のものは、しばしば弱い。ウナギもうなぎ屋も……。

食べものとして考えるか。

生きものとして考えるか。

日本人とニホンウナギは、いま岐路に立っている。

（2015年1月1日・静岡新聞）

第五部　私たちにできること（資源保護）

未来につなぐ　1

動いた漁師―稚魚流通の〝闇〟を排除

数年前の冬のことだ。宮崎県北部・日向市の川漁師でつくる富島河川漁協の甲斐勝康組合長(71)宅に知らない男から電話があった。「うちと付き合ってもらえませんか」。養殖ウナギの稚魚（シラスウナギ）のブローカーを名乗る男は丁寧な言葉遣いながらも、暴力団との関係をちらつかせ、非正規の取引を求めてきた。

「仲間と守ってきた川の秩序を崩すようなことは絶対しない」。甲斐組合長は話の途中で電話を切った。それっきり男から連絡はない。

全国的に〝闇〟と呼ばれる非正規ルートでの流通が問題視されるシラスウナギだが、「うちの川に闇はない」と甲斐組合長は言い切る。自信の根拠となっているのが、同漁協が10年ほど前から続けている集荷の仕組みだ。

国内のシラスウナギ産地では、捕れたシラスウナギを漁師が自宅で保管し、決められた集荷日に持ち寄るのが一般

日向市
宮崎市
N

シラスウナギの漁場に立つ富島河川漁協の甲斐組合長（左）ら。漁期には漁獲量を正確に把握するため、川岸ですぐに計量を行う＝１９日、宮崎県日向市の塩見川河口

的。そのため漁獲量は自己申告に頼ることになり、自宅取引など闇のブローカーにつけ込む隙を与える一因となっている。

これに対し、同漁協が管轄する塩見川では、甲斐組合長ら県の許可を持つ漁師6人全員が捕ったそばから川岸に置いた同漁協のバケツにシラスウナギを投入。すぐに計量し、正規の集荷日まで同漁協が管理する。「捕れた量は一目瞭然。みんな見ているのでごまかしようがない」

集荷方法を変えたのは、高齢化した漁師らの負担軽減のため、網を張る作業を助け合うようになったことがきっかけ。一晩ごとの漁獲量を正確に把握

シラスウナギの流通

養鰻業や資源保護のため、各都道府県が独自に流通ルールを定めている。そのルートを通さないものが「闇」と呼ばれ、正規より高値で取引されることが多い。国が都道府県の報告を基にまとめたシラスウナギ漁獲量と、養殖業者の池入れ量から稚魚輸入量を差し引いた国産稚魚流通量には大きな開きがあり、闇流通は資源把握の障害にもなっている。

することは、作業を共同化し、同漁協を通した販売額を漁師に配分する上で不可欠だった。漁師らも「漁場をめぐるトラブルがなくなった」と歓迎しているという。

「もちろん全ての川で同じことができるとは思わない。それでも…」。漁師が少ない塩見川だからこそ可能な取り組みであることを補足した上で、甲斐組合長は「それぞれの川でできる不正防止策があるはず」と続ける。

表と闇の価格差、密漁の横行、地域で異なる取引ルール…。「闇がなくならない原因は漁師以外にもある」と甲斐組合長。だからこそ力を込める。「国や関係団体に漁師の言い分を堂々と主張するためにも、自分たちから変わらなければ。正直者が報われない業界に未来はない」

◇

漁師、養殖業者、専門店、研究者…。ニホンウナギを取り巻く業界は、資源枯渇や制度変更により足元から揺らぎ始めた。終章では、それぞれの現場を守るため懸命に知恵を絞り、行動を起こす人々の姿から、ウナギを未来につなぐための提言を導く。

（2015年6月23日・宮崎日日新聞）

未来につなぐ　2

供給側が連携―価値発信「食べて守る」

「ずっと守りたい、この味」。コープ九州事業連合（福岡県）は6月初旬、鹿児島・大隅産うなぎかば焼きのチラシを、配達している組合員全戸に配布した。ウナギは枯渇していくが、食べることをやめれば養鰻業者が生計を立てられなくなる―。池田佳久水産商品部長（52）は「私たちの自慢の商品を組合員みんなに知ってもらうことから始めたい」と取り組みを説明する。

2014年6月に国際自然保護連合（IUCN）がレッドリストに掲載して以降、ウナギを取り巻く環境は大きく変わった。コープ九州が悩んだ末に出したのは「食べて守る」という逆転の発想だ。今年（15年）6月から4カ月間、かば焼き1点につき3円を資源保護への協力金として積み立てる。

協力金は、鹿児島の養鰻業者らでつくる「鹿児島県ウナギ資源増殖対策協議会」に贈り、ウナギの河川のすみかとなる石倉かごの設置や放流事業などに充ててもらう。今秋、日本生活協同組合連合会（日生協）を通じて贈呈する計画だ。

生協の取り組み

静岡など３県の生協でつくるユーコープ（横浜市）は今夏、ウナギの完全養殖実用化の研究に取り組む水産総合研究センター（同市）に、ウナギかば焼き商品１点につき協力金３円を寄付する。完全養殖について消費者に情報提供するチラシも作製した。１都９県の生協で組織するパルシステム（東京）は2013年に大隅地区養まん漁協と「大隅うなぎ資源回復協議会」を設立、商品売り上げの一部を河川環境改善などの活動費に充てる。

大隅地区養まん漁業協同組合との付き合いは１９８４（昭和59）年までさかのぼる。「生産者の顔が見える」とエフコープ（福岡県）が取り扱いを始めたことがきっかけ。安全な食を提供するという生協の原点に合致した商品に、３年後には日生協が取り扱いを始め、一気に取扱量を増やした。現在は年間４５０トンのかば焼きを生協向けに生産する。

組合員たちに産地を知ってもらうことで購入のきっかけにしてもらおうと、年に１度、組合員らの産地訪問を実施。池田部長自身も担当バイヤーとして長年、かば焼きの製造現場を回り、組合員に生産の苦労も伝えてきた。「いい商品にしようと、業者とは長年ともに努力してきた」

２０００年ごろ輸入ウナギの台頭で市場価格が暴落した際も生協では大隅うなぎの安売りはせず適正価格で販売し続けた、いわば看板商品。稚魚（シラスウナギ）不漁以降は店頭では丑（うし）の日前後の販売が中心となったが、カタログでは年中掲載を続ける。大隅うなぎをよく理解した固定ファンが付いているためだ。

「売る側買う側がそれぞれ、商品価値を見つめ直すことが重要」と力を込める池田部長。「ただ作るだけ、売るだけ、買うだけでは苦労は分からない。自分たちの首を絞め続けるだけだ」。伝えることが保護につながると池田部長は力を込める。

ウナギ資源保護に向けた取り組みを語るコープ九州事業連合の池田佳久水産商品部長＝6月19日、福岡県篠栗町

（2015年6月24日・南日本新聞）

未来につなぐ　3

店主の決断──「危機」直視　足るを知る

決議文のタイトルに危機感がにじむ。「絶滅危惧種を売る三島のうなぎ屋の責任」。「うなぎのまち」を標榜（ひょうぼう）する静岡県三島市の料理店や専門店の任意団体「三島うなぎ横町町内会」が6月17日、総会で決定した取り組み方針だ。

「消費者に、資源保護に協力してもらう」「かば焼きを後世に継承しながらニホンウナギへの感謝の念を表現する」など6項目。「今後もウナギをただ、さばいて売るだけでいいのか。活動定義を明確にしたい」と関野忠明会長（62）が提案した。関野会長自身、2年ほど前から、経営する専門店で決めた量を販売したらその日の営業をやめるなど、扱う量を抑える実践を続けている。

ニホンウナギがワシントン条約で国際取引規制種になる時を迎えたらどうなるか。「スーパーから外国産ニホンウナギが消え、国産価格が高騰。マスコミが大々的に報道し、環境保護団体が騒ぎ、消費が減退する──」。関野会長はこのようなシナリオを示して懸念する。「ウナギで食べている業界自ら資源保護に力を入れて消費者の理解を得なければ、いずれ商売はできなくなる」と語気を強めた。

「三島うなぎ」を重要な観光資源として活用する三島市観光協会や商工会議所の支援も取り付けた。「町内会」は引き続き、毎年冬の「寒の土用うなぎまつり」などを

予約に合わせて仕込みをする栗田真之さん＝6月18日、裾野市稲荷の「うなぎ竹屋」

うなぎのまち三島

三島市では江戸時代末期まで、源頼朝が源氏再興を祈願したことなどで知られる三嶋大社の使者としてウナギはあがめられ、食べることは禁じられていた。明治維新とともに食べられ始めたとされ、富士山の伏流水にさらされたウナギとして名物になった。ウナギのブランド化を図り、三島市の知名度を上げようと2006年に「三島うなぎ横町町内会」が設立された。会はその後、天然ウナギや異種ウナギを使用しないことを決議し、資源保護の取り組みを強めた。

通じて消費者に理解や協力を求めていく。これにも異論はなかった。

組織的な取り組み強化の一方、各加盟店も既に先を見据え、「足るを知る」経営を始めている。

家族経営の「うなぎ竹屋」は2014年7月、店舗を三島市の箱根山麓から静岡県裾野市の自宅へ移転した際、「完全予約制」に転換した。栗田真之店主（53）は「限られたウナギで、本当においしい料理を提供しようと決断した」と振り返る。

移転前の店は繁盛していた。土、日、祝日は開店前から客が列をつくり、1～2時間待ち。食感を大事にしているため、仕込みは深夜から始め、ウナギの小骨を徹底して取り除く作業に時間を割いた。だが、忙しさのあまり「目指す味が実現できないことがあった」。その間に、資源減少とともにウナギの仕入れ価格は高騰。値上げで客にも負担を強いる中、経営に疑問を抱く日々だった、という。

現在、扱うウナギの量は3分の2以下に減り、売り上げも減少した。それでも「ウナギ一匹一匹を大事に扱い、細く長く経営したい」と店を開ける。

（2015年6月25日・静岡新聞）

未来につなぐ　4

食文化を支える―「焼き一生」技と心継承

「熱いっ」。調理室に学生の大きな声が響いた。

都内の調理師専門学校で開かれたかば焼きの出前授業。慣れた手つきでウナギの白焼きをたれに漬けて焼く職人をまねて挑戦したが、串は予想以上に熱かった。授業を企画したのは、全国のかば焼き専門店にウナギ職人をあっせんする新東調理士会（東京都）だ。

同会はウナギ職人を仲介して50年以上の歴史がある。10年ほど前から年に1度、「鰻プロフェッショナル講座」と名付けて調理師専門学校や高校を訪ねて授業を行っている。湯浅祐司会長（49）によれば、かば焼き文化を支える職人の数は、ピークだった1970～80年に比べると、現在は半数近くまでに減少。高齢化も重なり、業界は後継者不足で頭を抱えている。

「ウナギ職人に興味を持つきっかけになれば」との思いで始めたのが、出前授業だった。毎回、約10人の職人とともに、割き、串打ち、焼きなどかば焼き作りを実演し、

かば焼き専門店と職人の数

全国鰻蒲焼商組合連合会によると、全国の加盟店は現在約300軒ある。加盟店が多い東京鰻蒲焼商組合では、25年前の最盛期に180軒あったが、現在は90軒と半減した。稚魚の不漁が続いた2012年ごろに廃業が相次いだという。ウナギ職人をあっせんする新東調理士会の登録職人数は1970～80年に約500人だったが、現在は約230人。平均年齢は約60歳で、若手育成が急務だ。

体験してもらう。これまでに、15人ほどが実際に店に入り、修業を積んでいるという。

川崎市の割烹・かば焼き店「大沼」で修業する伊藤奈津子さん（29）は、建築関係の仕事からウナギ業界へと転職した。修業を初めて3年。串打ちから始まり、割きも任されるようになった。割いたばかりのウナギの身は固く、串を通すのが難しい。当初は親指と人差し指に血豆ができた。男性社会で、「厨房（ちゅうぼう）は男の戦場」と感じたこともある。

しかし、串を刺す位置が1ミリずれるだけで、焼き上がりが全く異なる。「繊細で奥深い仕事。できることが増えるのがうれしい」と学ぶ楽しさをかみしめる。

師にも恵まれた。伊藤さんを指導する料理長の諸留隆範さん（52）はウナギ一筋32年。今も日々修業だと自分に厳しいが、指導には「厳しさの中にも温かさを持ちたい」と話す。伝えたいのは技術だけではない。「料理には気持ちが表れる。ウナギが減る中、職人としてできるのは、1枚1枚丁寧に焼くことだけ」と仕事への姿勢を示す。せっかくウナギ業界を選んでくれたのだから長く続けてほしい。

「串打ち3年、割き8年、焼き一生」と言われる業界に入った若手を辞めさせずに、一人前に育て上げることは業界全体の課題でもある。湯浅さんは「若手は皆、金の卵。伝統文化の継承になくてはならない」と力を込める。

学生にウナギの焼き方を教える湯浅祐司新東調理士会長（左から２人目）＝６月12日、都内

（２０１５年６月26日・静岡新聞）

未来につなぐ　5

環境教育―次世代と川の機能再生

熊本県と接する鹿児島県出水市。八代海に注ぐ高尾野川では年3回、小学生が魚捕りに夢中になる。昨年（2014年）9月は、主催する「高尾野川をきれいにする会」が取り付けた竹籠にニホンウナギが数匹いた。ウナギを見て、触れて食べた子どもたちは川の恵みを体感した。

「川がもたらす貴重な資源を次世代に伝えたい。危険という一言で川は遠ざけられるから、子どもたちは水に触れる本当の楽しさも怖さも知らない」

地元有志と「きれいにする会」を設立した、県内水面漁協連合会長の高崎正風さん（75）は「川の教室」の狙いをそう語る。子どもたちは目を輝かせ、予定の時間が過ぎても川から上がろうとしないという。

14年9月、高崎さんらは高尾野川に生息する魚類を2日かけて調べた。ニホンウナギ、メダカ、トビハゼ…。確認

「高尾野川をきれいにする会」のメンバーと増水した川の様子を見守る高崎正風さん（手前）。子どもたちにウナギが戻る豊かな川を伝えたいと願う＝6月24日、鹿児島県出水市

できた32種に写真を付け「さかな図鑑」を発刊、地元の小学校に配った。教材にしてもらうのが目的だ。

高崎さんの幼少時は、高尾野川は絶好の遊び場だった。ウナギが遡上し、田んぼにも潜んでいた。1965（昭和40）年、防災ダムができ、その後の河川改修で環境は激変し漁獲量も大幅に減った。

川幅が拡張され、水深が浅くなった分、水生生物は鳥の餌食になった。水の流れが弱まり、砂利は下流に運ばれなくなり、ウナギのすみかとなる自然のふちはできなくなった。「災害はなくなったが、川魚への影響は全く考慮していなかった。川はいじ

河川環境の改善

かつて河川の護岸工事は石積みが主流だったが、約50年前から平らなコンクリートが多用されるようになった。人間の生活を守る反面、石の隙間などに入り込む水生生物のすみかを奪い、ウナギ減少を招いた一因といわれる。近年は各地の河川で若い世代などによる環境保全活動が進む。「水郷の地」として知られる福岡県柳川市では、地元ＮＰＯと高校生が掘割の水質浄化やウナギのすみかづくりにも取り組んでいる。

らず、両岸を築堤するなど方法はあったはずなのだが」

「昔の川を取り戻そう」――。２０１４年1月、川の上流と下流にウナギのすみかとなる石倉かごを設置した。３カ月に1回モニタリングし、保護増殖の効果を調べる。生物のすみかが皆無のコンクリート排水路にも類似のかごを取り付けた。「川の中に川を作る」発想で九州大と共同でウナギが遡上できない段差部分に試験的に魚道を整備する計画もある。

「できることは率先して取り組みたい」という高崎さんは、活動が県全域に広がることを期待し、養鰻業者も川にもっと関心を持ってほしいと願う。

子どもたちにもウナギが減っている状況を毎回伝える。「元の川に戻り、おいしい餌と水があれば、ウナギは戻って来る」。そう確信し、7月に予定する石倉かごのモニタリングには、子どもたちにも参加してもらう計画だ。

（２０１５年6月27日・南日本新聞）

未来につなぐ 6

産卵場へ帰す―禁漁、自粛で示す「覚悟」

ニホンウナギ稚魚（シラスウナギ）の歴史的不漁を受け、水産庁は2012年7月、全国の内水面漁業協同組合連合会に異例の打診をした。「親ウナギが産卵で川を下る10、11月、漁を都道府県レベルで全面的に禁止できないか」。個々の連合会も資源保護は大事と分かっていても、組合員の反発も予想され、おいそれと受け入れることはできない話だった。

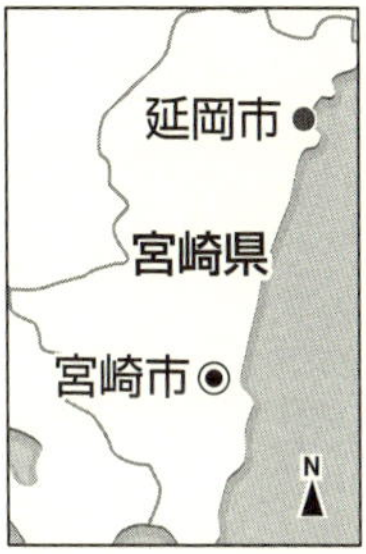

唯一応じたのが宮崎県内水面漁連。「漁で一本のはえ縄に針を500本付けていたのを、12年前に30本まで減らしたが、ウナギの数が回復する兆しは一向になかった」と長瀬一己会長（62）は言い、「ウナギ主産県の宮崎が率先して禁漁することで、ウナギを守る覚悟を全国に広げたかった」と振り返る。

合わせて、「2カ月では抜本的な解決にならない」と、水産庁が求める以上の翌年3月までの半年間、漁を見送ること

下りウナギ禁漁

静岡県は県内一部河川で2015年度から、産卵のため海に帰る「下りウナギ」の禁漁を始めた。県内14の内水面漁業協同組合に統一禁漁期間（10月～翌年2月）の設定を要請し、5漁協が10月から、ほか5漁協も16年1、2月に統一して禁漁とした。一方、浜名湖では禁漁や自粛の動きはないが、周辺自治体や漁業関係者でつくる団体が13年から下りウナギを買い取り、遠州灘に放流する資源保護活動を続けている。

を打ち出した。加盟38漁協の組合長らに「子や孫のため、今は我慢する時」と粘り強く訴え、説得。12年から県内すべての主要河川で取り組む合意を取り付けた。

禁漁は今秋で4年目。県外漁業者の意識も変えつつある。翌13年から鹿児島、熊本県がそれぞれ3カ月、半年間禁漁するなど、全国8都県が一定期間の漁の禁止か自粛などを導入している。

長瀬会長が組合長として籍を置く北川漁協（宮崎県延岡市北川町）は禁漁の初年、13年3月までだったのを、管轄する2本の河川で14年3月まで独自に期間を延長。直後の14年4月には、組合員に与える免許総数も400から30に見直した。

ただ、現実は甘くない。「禁漁し、免許を制限しても、そう簡単にウナギは増えない」と長瀬会長。それでも「時間が必要だが、できるだけ多くのウナギを産卵場に帰してやるのが、手間も金もかからず最も有効な方法」と信念を貫く。

組合員の井本人義さん（59）も「（産卵に向かう）秋の下りウナギなどは脂が乗って最高においしいが、減っているのなら、また増えた時に獲ればいい」と理解を示す。

以前なら考えられなかった禁漁の先鞭（せんべん）をつけた長瀬会長は現在、全国の内水面漁業者を代表し水産庁・水産政策審議会委員（9人）となり、河川保護などの政策づくりで積極的に発言する。「時代は変わった。自分たちの川に来てくれたウナギを獲るの

宮崎県内の主要河川で毎年半年間のウナギ禁漁を実現した長瀬一己会長(左)。ウナギのすみか・石倉作りにも熱心に取り組む＝6月23日、宮崎県延岡市北川町

は最小限にとどめ、ウナギが次に命をつなげるように導くのが河川を管理する者の責任」

（2015年6月28日・宮崎日日新聞）

未来につなぐ　7

科学者の責任—分野超え 成果を社会に

横浜市の水産総合研究センターに5月2日、ウナギ保護を目指す産官学の関係者が集まった。資源管理、河川環境の保全、完全養殖…。専門分野の研究や活動に関する情報を共有し、業界の枠を超えて連携する「日本ウナギ会議」が発足した。

「全国でどんな取り組みが行われ、何が足りないのか。それを知るのが最初の一歩だ」会議後、発起人の海部健三中央大学法学部助教（41）は報道陣を前に力を込めた。

会議出席者は大学や水産庁、一般企業の関係者ら43人。各分野の最前線で活躍する名だたる研究者も加わり、「職業としてウナギに関わる人が集う場の土台はできた」

一方、消費者としてウナギと接する「一般市民」の目をどう向けさせるか。海部助教が掲げる次の課題だ。ニホンウナギが絶滅危惧種に指定され、日本は今後も多くの判断を迫られる。その時、科学は一定の方向性を示してくれるが、それはあくまでも一つの指標。いかに資源保護を進めるかの根拠になるのは、ウナギの未来像を描く「国民の合意形成」にほかならない。

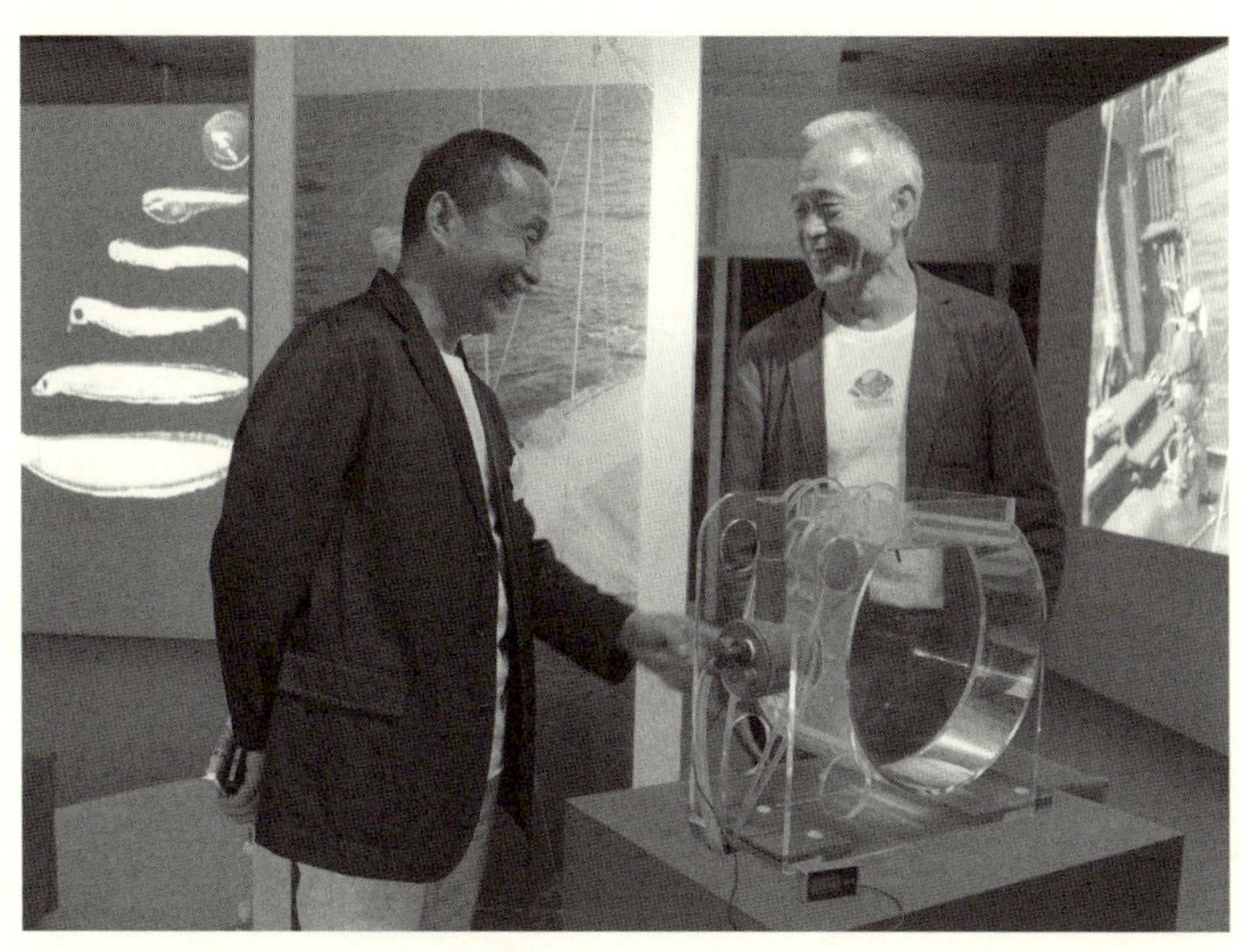

「うなぎプラネット」特別展を企画した生物資源科学部の塚本勝巳教授（右）と芸術学部の木村政司教授＝６月２７日、神奈川県藤沢市の日本大学生物資源科学部博物館

だが、ウナギ保護は選挙の争点などにはなりにくい。「国民の意識を高め、声をどう吸い上げるかは難しい問題」と海部助教。だからこそ、生物学が主流のウナギ研究に経済や社会、政治などの視点も取り入れる必要性を感じている。より多彩な情報発信で課題が明確になれば、国民一人一人が考えて行動するようになる。その道筋を示すのも「科学者の責任」という。

今春から、学問の枠を超えた多角的なアプローチが日本大で始まっている。「うなぎ博士」こと生物資源科学部の塚本勝巳教授

日本ウナギ会議
ニホンウナギを絶滅危惧種に指定した国際自然保護連合（ＩＵＣＮ）審査グループの座長・マシュー・ゴロック氏（ロンドン動物学会）の提案を受け、審査前のワークショップに参加した中央大の海部健三助教が呼び掛けて発足。研究者や行政、民間企業などすべてのステークホルダー（利害関係者）がウナギの保全に向けて話し合うのが目的。５月の設立総会では、全国で行われている活動や研究をリスト化して情報共有することを決めた。

(66)を中心に、法、理工、芸術、医学部など9学部が連携する総合研究プログラム「うなぎプラネット」だ。

7月1日、各学部の総力を結集した半年間の企画展が開幕する。高さ2メートルのウナギの彫刻、深海をイメージした水槽に浮かぶ幼生…。会場の大型スクリーンには、ツイッターで投稿された来場者の声を映し出す。双方向性を取り入れることで、科学への〝敷居〟を下げる狙いもある。

「守ることは知ることから」。塚本教授は言う。日本人が大好きな「食べ物」としてのウナギ。しかし、「生き物」として見ればトキやパンダと同じ「絶滅危惧種」だ。その現実をどう社会全体に伝え、広められるか。ウナギ保護を訴える科学者も、正念場を迎えている。

（2015年6月29日・静岡新聞）

未来につなぐ　8

今できること―関心高め節度ある食を

ニホンウナギが絶滅危惧種指定を受けて1年。稚魚が来遊する日本、中国、韓国、台湾の国際協議が進み、国内では養鰻業が国の許可制になるなど、ウナギ資源保護に向けた体制構築の動きが急ピッチで進む。

しかし、稚魚の採捕量は回復せず、4カ国・地域で合意した養殖量削減も国外では徹底されていない。抜け道を許さない国際枠組みを早急に構築し、科学的な根拠に基づいてウナギを持続的に守るという東アジア発の資源管理の新たなモデルを、日本が先導して世界に提示すべきだ。

連載企画「ウナギＮＯＷ」は、国内養殖生産量の約7割を占める3県の地元紙が、稚魚採捕、養殖、流通、消費の現場を国内外で取材し、ウナギを未来に残すための方策を探った。国内で消費

提言

- ■漁業者は捕った稚魚を適正に出荷する。闇流通対策を強化
- ■養殖業者は池入れ量を厳守する。東アジアで貿易管理を徹底
- ■政府・自治体は河川環境を改善する。「下りウナギ」は禁漁に
- ■国と研究者が連携し、科学的調査、研究に基づき資源把握
- ■消費者は生産、流通履歴の明確なウナギを大切にいただく

されるウナギの99%が養殖ウナギで、養殖には100%天然の稚魚を使用する。資源を回復させるためには、まずは稚魚を捕りすぎないこと、そして産卵する親ウナギを増やすしかない。

流通透明化

課題は山積している。アジア4カ国・地域は昨年、養鰻業者が稚魚を養殖池に入れる「池入れ量」を2割削減することで合意した。日本は内水面漁業振興法を整備して養鰻業を国の届け出制にし、今年6月から許可制にした。一方、中国などでは養殖業者を公的管理する仕組みが完成しておらず、足並みはそろっていない。

国内でも長年、稚魚採捕の現場で不透明な流通ルートの存在が指摘されるほか、稚魚を禁輸している台湾から香港経由で稚魚が輸入されている実態もある。4カ国・地域全体で採捕、池入れ、出荷に至る生産履歴のチェックを厳格化し、貿易規制も含めた高レベルの資源管理体制を構築することで、不透明な取引を排除しなければならない。

ウナギが育つ河川の環境改善、川から海へ帰る「下りウナギ」の全面禁漁など、資源回復に直結する対策も国際的に進めていく必要がある。稚魚の来遊量や親ウナギの生息数、太平洋の潮流変化など、資源の現状を科学的に把握する取り組みも強化すべきだ。

中国や台湾で養殖されたウナギがかば焼きとして大量に日本に輸入され、スーパーや飲食店に並ぶ構図は、ヨーロッパウナギが一足早く絶滅危惧種に指定された後も変わっていない。複数の種のウナギを養殖し、消費する東アジアに対し、国際社会の視線は厳しい。絶滅が危惧される動植物の取引を審議するワシントン条約の会議を2016年に控え、世界最大のウナギ消費国・日本の行動を世界が注視していることを忘れてはならない。

保護へ連携

国内でウナギに関わるさまざまな立場の人々がウナギ保護へ手を携えていけるかも鍵となる。漁業、養殖、流通、消費者、行政、研究者など、どこか一分野だけ頑張ってもウナギを守ることはできない。大量生産、大量消費の時代の意識や習慣から脱却するために、特に消費者の意識改革は重要だ。かば焼き製品には産地だけでなく種の表示も義務化するなど、消費者に資源の情報を伝える仕組みづくりも欠かせない。

うな丼を食べ続けられるかという素朴な疑問は、このスケールの大きな生活史を持つ不思議な魚を地球上に残していけるかという命題に直結する。流通を透明化し、河川環境を改善し、節度ある食べ方をする。それぞれの立場でウナギを守ろうとする一歩が、ウナギ大国・日本の資源と食の在り方を変革することにつながる。ウナギの「今」について理解を深め、意識と行動を今こそ変えよう。

（2015年6月30日）

記者座談会

資源回復努力　各界挙げて

ニホンウナギの漁獲は依然回復せず、絶滅が危惧される動植物の保護を議論する2016年秋のワシントン条約締約国会議で、ニホンウナギの国際取引規制が議題になる可能性もある。ウナギの世界最大の消費国であり、養殖の先進国として、日本はウナギを未来に残すために何をすべきなのか。連載企画「ウナギＮＯＷ」合同取材班の担当記者が、国内外の現場を取材した連載を振り返り、資源回復への課題や、危機を乗り越える解決策を探った。

転換期の産業—闇流通対策が不可欠

静岡Ａ　それぞれの記者がウナギ産業の現場に飛び込んだ。ニホンウナギが絶滅危惧種に指定され、政府が養鰻業の管理強化策を打ち出すなど、ウナギ産業を取り巻く状況は大きく変化した。

静岡B　今シーズンの稚魚（シラスウナギ）漁獲は不安定だった。シーズン当初の２０１４年12月は豊漁だったが、15年２月になると一転不漁に。国は今漁期から各養殖業者が稚魚を養殖池に入れる「池入れ量」を前期比２割減と定めたが、取材した業者は「不漁で池入れ量の上限に届かない」と嘆いていた。

南日本A　６月には養鰻業は届け出制から国の許可制に移行した。急速に国の管理が進むことで、大手と零細の二極化が加速し、業者の淘汰が始まる可能性がある。

宮崎A　取材で出会った漁師は、「正規ルートではない稚魚の闇流通の存在を認め、「闇に流れている量の方が多いのでは」と話した。国の統計では、国内の稚魚の漁獲量と流通量のデータに食い違いがあり、国や都府県の調査を基にした資源管理に限界も感じた。

南日本B　日本の養鰻業は稚魚の輸入が前提で、国産だけでは足りない。今年は海外も不漁だった。国際的な資源管理強化が叫ばれる中、輸入頼みの業者の危機感は強い。

各地の事情―中台韓は危機感に差

静岡A　東海と九州、海外など、各地域でウナギの生産、保護、消費の形が違うことが分かり、新鮮だった。

宮崎A　養鰻業は地域で業容が異なる。比較的小規模経営体が多い静岡県に対し、南九州の業者は積極的に設備投資し、大規模化が進んでいた。

静岡B　同じ東海でも、静岡県は1年かけて育てる「周年養殖」式だが、愛知県の西尾市一色町では、冬に池入れして翌年の夏に出荷する「単年養殖」を採用している。

南日本B　河川環境改善の一事例として、鹿児島県ではウナギのすみかになる「石倉かご」を川に設置しているが、静岡県での設置事例はないと聞き、意外に思った。海に帰る「下りウナギ」の禁漁措置も含め、資源保護の取り組みには地域間で温度差がある。

静岡C　取材した中国、台湾では、業界関係者が日本ほど資源問題を深刻にとらえていないと感じた。中国のある業者は「ニホンウナギがだめなら別の種を養殖すればいい」と楽観的だった。池入れ量の制限も中国国内では始まっておらず、日本政府が主張する「国際資源管理」はまだ機能していない。

宮崎B　韓国のウナギ専門店で、老若男女が白焼きをおいしそうにほおばる姿が目に焼き付いている。消費の問題も、日本だけでなく東アジア全体で考えなければならない。

不思議な魚―完全養殖の前進期待

静岡A　ウナギの生態は謎が多く、取材でも驚きの連続。「完全養殖」研究の最前線も取材した。

静岡B　天然ウナギの雌雄比はほぼ1対1だが、養殖ウナギはほとんど雄になってしまうのが不思議だった。人工飼育下で雌を育て、良質な卵を取り出すことが研究機関の長年の課題で、完全養殖の難しさと奥深さを感じた。日本は2020年の実用化を目指しているが、餌の開発や大量飼育など実用化へのハードルはまだ高い。

南日本B　ウナギが川では絶対に成熟しないことも初めて知った。マリアナ諸島沖が産卵場であることが実証されたのは09年。昔の人は、ウナギがはるか太平洋まで旅をするなど想像もしなかっただろう。

宮崎B　最近の研究では、川を遡上(そじょう)せずに汽水域や海の浅瀬にすみ着くウナギの方が多数派となっている可能性も出てきた。こうした汽水ウナギ、海ウナギの生態研究が進めば、ウナギの保護策を根本的に変える必要が出てくるかもしれない。

法制度の不備―種の表示義務化必要

宮崎A 国や都府県は、資源量把握の障害となり、乱獲にもつながる稚魚の闇流通対策に本腰を入れるべきだ。養鰻業の許可制移行に伴い、養殖業者には稚魚の池入れ量と仕入れ先を国に報告することが義務付けられたが、稚魚の流通業者にも仕入れ先と量の国への報告を義務付けなければ、流通の透明化は十分とは言えない。

静岡B 「2014年漁期比で2割減」としている稚魚の池入れ量の上限設定にも疑問を感じる。今期は国内全体で21・6トンの上限量に対し、実績は18・2トンで、上限に達しなかった。資源量を科学的に把握し、実態に即した上限量を設定しなければ、海外から「本気で資源管理に取り組んでいない」と思われてしまう。

南日本B 稚魚が捕れないはずの香港を経由して、中国や稚魚をほぼ禁輸している台湾から稚魚が日本に輸出されている。「香港ルート」の問題は誰が見てもおかしい。国レベルの協議で、必要な取引が正規にできるシステムを作るべきだ。

静岡C おかしな話はまだある。中国では、ワシントン条約で国際取引が規制され、欧州連合（EU）が禁輸しているはずのヨーロッパウナギがいまだに養殖、加工されている。今後、中国から日本に輸入されるウナギに混入される可能性もあり、輸入業界から懸念の声が上がっている。かば焼き製品の表示は現在は産地のみだが、種の表示も義務化すべきと思う。

南日本A　国内の資源保護策にも問題がある。多くの川で養殖ウナギの放流が続けられているが、実は増殖効果は不明。予算を付けている水産庁自ら「効果が出ていない」と認めている始末だ。

宮崎B　そもそも、正確な稚魚の漁獲量、流通量が分からなければ、資源管理の対策を打ちようがない。強い権限を持つ国際資源管理機関が必要だ。

未来に向けて—教育、業界連携強化を

静岡C　ウナギをもっと大切に食べる機運を高めたい。かば焼きなどウナギ食は日本伝統の食文化。専門店の中には、天然物は売らないなど資源を守る取り組みを始めた店もある。自分たちが食べるウナギがどこで生まれ育ち、どのような流通過程をたどったのか、考えられる消費者でありたい。

宮崎B　ウナギはキャラクター性もあり、資源管理を学ぶ格好の素材だ。既に一部の小学校でウナギを題材にした学習が始まっている。ウナギを切り口にして、ほかの魚

の資源保護や地球環境についても子どもたちに学んでほしい。

南日本A　河川環境保全も重要だ。コンクリート護岸で固められた川ではウナギは育ちにくい。防災と資源保護が両立するよう、国や都府県の担当部署間の連携を強化すべきだ。

静岡A　完全養殖が実用化されても、天然ウナギがいなくなってしまっては元も子もない。下りウナギの禁漁には、漁業者への補償も必要では。日本のウナギ研究は各分野で進んでいるが、分野の違う研究者同士が情報を共有し、社会への発信力、提案力をもっと高めてほしい。

南日本B　採捕、養鰻、流通、行政などウナギに関わる人たちの意思疎通を図ることも重要。各業界の状況や課題を伝え、橋渡しをすることがメディアの役割ではないか。

宮崎A　取材で知り合った人たちは皆、ウナギの資源、産業、文化を未来につなげたいと考えていた。それぞれの業界がもっと意見をぶつけ合うことで、新たなアイデアが生まれるはずだ。

▽インタビュー　宮原正典・水産総合研究センター理事長、農林水産省顧問

国際社会に実績示す

日本、中国、韓国、台湾でのニホンウナギ資源管理国際協議の議長を務める水産総合研究センター理事長で農林水産省顧問の宮原正典氏に、東アジアでの資源管理の方向性と、今後の国際取引規制の可能性について聞いた。

――ウナギの資源管理の難しい点とは。

「海で生まれ川で育つウナギは特殊な魚で、非常に資源管理の難易度が高い。東アジア沿岸の広大な地域に稚魚が来遊し、資源の減少には乱獲など人為的な問題だけでなく、海流の変動など海洋環境の変化も関係している。東アジア4カ国・地域の協議で稚魚の養殖量削減に合意したが、それにより稚魚の来遊量が確実に戻るかどうかはまだ分からない」

――4カ国・地域は「法的拘束力のある枠組み」の構築を目指している。

「養殖量の制限だけでなく、法的枠組みを作って貿易制限までを目指す。将来的には4カ国・地域での資源管理の常設組織に移行する。このようなケースは水産資源の国際協議では前例がない。貿易制限の必要性の認識は参加国・地域で共有できているが、どのような手法で実現するか、これからそれぞれの国・地域の調整が必要になる」

――2016年秋のワシントン条約締約国会議まで、残された時間は短い。

「加盟国が議案を提案できる期限は、会議の半年前の来年3月。よって今年中には、東アジア4カ国・地域が資源管理策で実質合意し、実績を国際社会に示さなければならない。時間的制約はあるが、やるしかないし、こうした協議には勢いも大切。稚魚の資源に影響する養殖業をコントロールできるのは、4カ国・地域のこの組織しかないということを世界に示すこと、それが世界と交渉する戦略になりうる」

宮原正典（みやはら・まさのり）
1978年水産庁入庁。2014年から現職。東アジア4カ国・地域のニホンウナギ資源管理協議の議長。大西洋クロマグロの国際取引禁止の提案が反対多数で否決された10年のワシントン条約締約国会議など、主にマグロ類の国際資源管理交渉で政府代表を務めた。東京都出身、60歳。

――ワシントン条約への今後の海外諸国の対応をどうみるか。

「まだ分からない。ニホンウナギ単独でなく、複数種、あるいはウナギ種全てを国際取引規制種にという提案を、どこかの国がしてくることはありえる。ウナギの稚魚を買って養殖する国が東アジアに固まっているから、全て規制すればいいという論法だ。ヨーロッパウナギはすでに国際取引規制種になっているが、その後の貿易管理が徹底していないという事情もある」

――水産総合研究センターでは2020年の完全養殖の実用化に向けた研究が進む。国内でウナギ資源保全のためにすべきことは。

「今の技術レベルでは、天然種苗を補完する水準に達するにはまだまだ時間がかかる。完全養殖実用化でウナギ資源はもう大丈夫と過度に期待するのは早計だ。大事なのは、自然の恵みであるウナギを次の世代にきちんとつなぐために、それぞれの立場で努力すること。ウナギ資源の現状が海外から厳しく見られているということも、消費者には理解してほしい」

（2015年6月30日）

追補

日本ウナギ会議発足

保護活動の情報共有―「産官学」連携強化

国際自然保護連合（ＩＵＣＮ）の絶滅危惧種に指定されたニホンウナギの保護に向け、研究者や行政、流通など各界関係者が立場を超えて連携強化する「日本ウナギ会議」が5月2日、横浜市の水産総合研究センターで発足した。手始めに全国のウナギ保護活動のリストを作成し、関係者の情報共有を進める。

同会議は、中央大学の海部健三助教（保全生態学）らウナギ保護を訴える有志が、ＩＵＣＮのウナギ評価を受けて前年開催した会合を発展させた。

初会合には日本大学生物資源科学部の塚本勝巳教授、日本養鰻漁業協同組合連合会の白石嘉男会長（静岡県吉田町）ら43人が参加した。ウナギの採捕・漁獲管理、流通・消費、環境保全などの分野を情報共有の対象とし、毎年5月をめどに年1回以上の会合を持つことも決めた。

次回までにまとめる資源保護活動のリストは、関係者が取り組みの内容、進捗（しんちょく）状況を互いに把握し合い、研究の重複を省いたりデータを共有したりして効率化を図るのが狙い。海部助教は「現在どんなウナギ保護の活動が行われ、どんな取り組みが足りないのかを知る必要がある」と意義を語った。

白石会長は「多くの人が情報共有すれば、ウナギ保護への取り組みも加速する。稚魚流通の透明化にもつながるよう知恵を出し合いたい」と期待を込めた。

このほか、研究や行政などの関係者13人がウナギ保護に関する課題や取り組みを発表した。

ＩＵＣＮのレッドリストは、絶滅の恐れがある動植物を国際取引の規制によって保護するワシントン条約の対象を決める資料として使われる。日本のウナギ産業は輸入依存度が高い。２０１３年は養殖種苗（稚魚）、成魚・かば焼き等加工品とも約６割が中国などからの輸入だった。

（２０１５年５月３日・静岡新聞）

ネットアンケート

「絶滅危惧」8割が認知―でも「何もせず」58%

ニホンウナギが「絶滅危惧種」に指定されて1年。静岡新聞など3紙の「ウナギNOW」取材班が飲食店検索サイトを運営する「ぐるなび」の協力で行ったアンケートで、サービス利用者の約8割が指定を知っていたが、認知度に年代差があることも分かった。調査は2015年6月10、11の両日行い、全国の1596人が回答した。

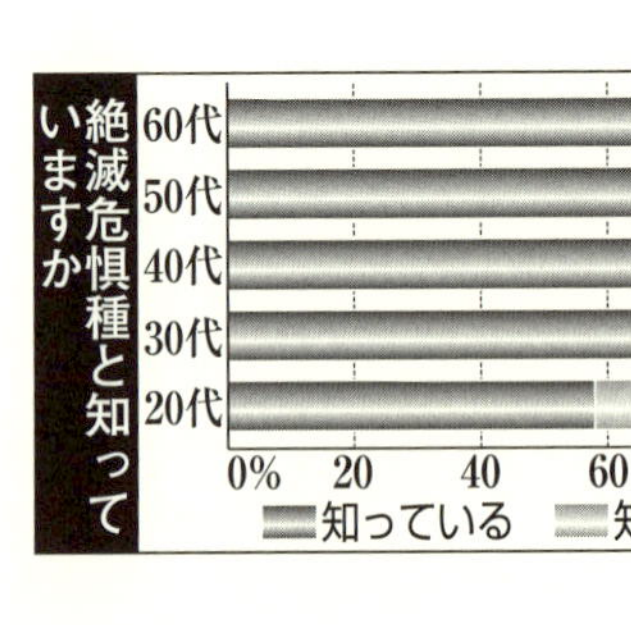

回答者の平均年齢は45・7歳。年代が高いほど「絶滅危惧種」の認知度が高かった。年齢層と男女別で見ると、「知っている」割合は60代男性、60代女性、50代男性が90%を超えた。一方、20代男性は55%、20代女性は60%だった。

ニホンウナギは2014年6月12日、国際自然保護連合（IUCN）のレッドリストに「近い将来における野生での絶滅の危険性が高い種」として掲載された。レッドリストは、国際取引を規制することで動植物を保護しようというワシントン条約の対象にするかどうかの判断材料になる。日本のウナギ需要は輸入依存度が高いため、対象になれば食卓やウナギ関連産業への影響が懸念される。

ワシントン条約による規制が現実味を帯びる中、考えていることはあるかという質問への回答は「特に何もしない」が58％で最も多く、「食べる回数を考える」が26％、「規制される前に食べておく」が15％だった。

ぐるなび加盟の飲食店にも6月10〜16日にアンケート調査を実施。協力が得られた470店のうち、絶滅危惧種になったことを知っていたのは約6割だった。回答した店の3割程度はウナギを扱っていない店とみられる。

輸入頼み——中国産使用定着加盟飲食店

飲食店検索サイト「ぐるなび」加盟店へのアンケートで、使用しているウナギの産地をきいたところ、外食産業にも輸入ウナギは定着し、ワシントン条約で国際取引が規制されれば影響が予想されることが確認された。

協力を得られた470店のうち264店から回答があり、結果は国産53％、中国産

ぐるなび

1996年にサービスを開始し、2008年東証1部上場。サイト掲載店舗数は約50万店（静岡県内約1万7千店）。会員数1307万人。

52・3％、台湾産11％など（複数回答）。

国産も外国産も使用している店があるため、「メーンに使っているウナギの産地」をきくと、全体では中国産（47％）が国産（44％）を上回ったが、客単価が4千円以上になると、国産を主に使っているという店の割合が高くなった。

「中国産」といっても、ニホンウナギだけでなく、ヨーロッパウナギやアメリカウナギなど異種ウナギもある。産地は表示義務があるが、種別に表示義務はない。使っているウナギの種についての設問（複数回答）で、「ニホンウナギ」が46％あった一方、「分からない」も同比率の46％あった。

（2015年6月22日）

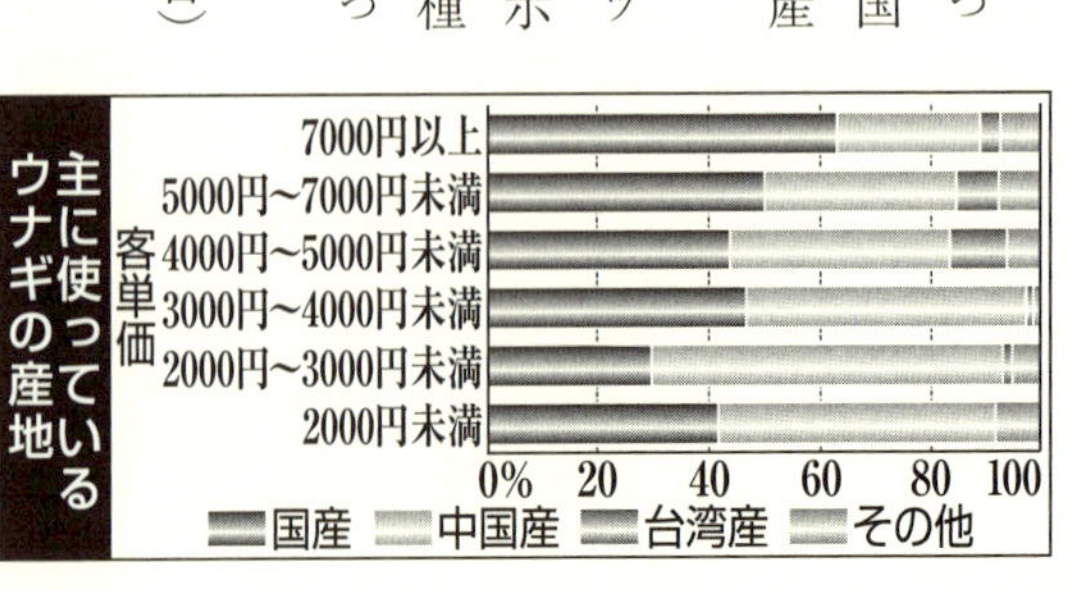

ウナギ好き日本　消費大国の実態

ウナギ関連産業で働く人たちのためにも、ウナギ食文化のためにも、ニホンウナギの資源回復は喫緊の課題だ。鍵を握るのは、ウナギ消費の在り方にほかならない。ネットアンケートの回答から、ウナギ消費の「今」を見てみよう。

ウナギ資源危機の責任はウナギ好きな日本人の大量消費にあると、海外から指摘されている。確かに日本人はウナギが大好きだ。アンケートでも7割が「好き」と答えた。ウナギを食べる場所（複数回答）の質問ではネット通販の浸透がうかがえた。食べる頻度は飲食店でも自宅でも「半年に1度」が最多。丼ものチェーン店よりも、専門店や和食店で食べる人が多いようだ。

飲食店で食べるうな重・うな丼の値段は1001円〜2500円で6割を占める。資源保護のためには、のべつ幕なしに食べるのを見直し、ハレの日にウナギを食べ

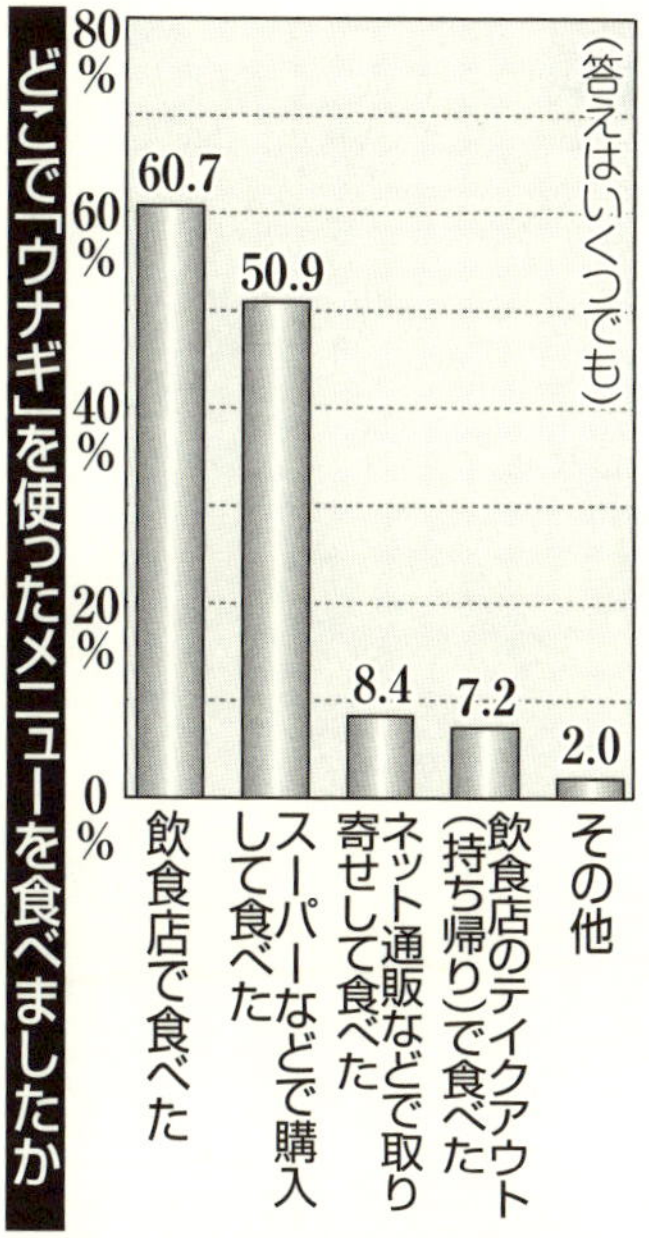

どこで「ウナギ」を使ったメニューを食べましたか

（答えはいくつでも）

場所	%
飲食店で食べた	60.7
スーパーなどで購入して食べた	50.9
ネット通販などで取り寄せして食べた	8.4
飲食店のテイクアウト（持ち帰り）で食べた	7.2
その他	2.0

ネット通販1割に迫る

ようという呼び掛けがある。アンケートでは、お祝いごとよりも普段のランチやディナーで食べているという人の割合が大きかった。

絶滅危惧種指定から2年目の今年、ウナギを食べる回数が増えるかどうかについての質問に、7割強は「変わらない」としたが、「減りそう」（21％）が「増えそう」（5％）を大きく上回った。

（2015年7月2日・静岡新聞）

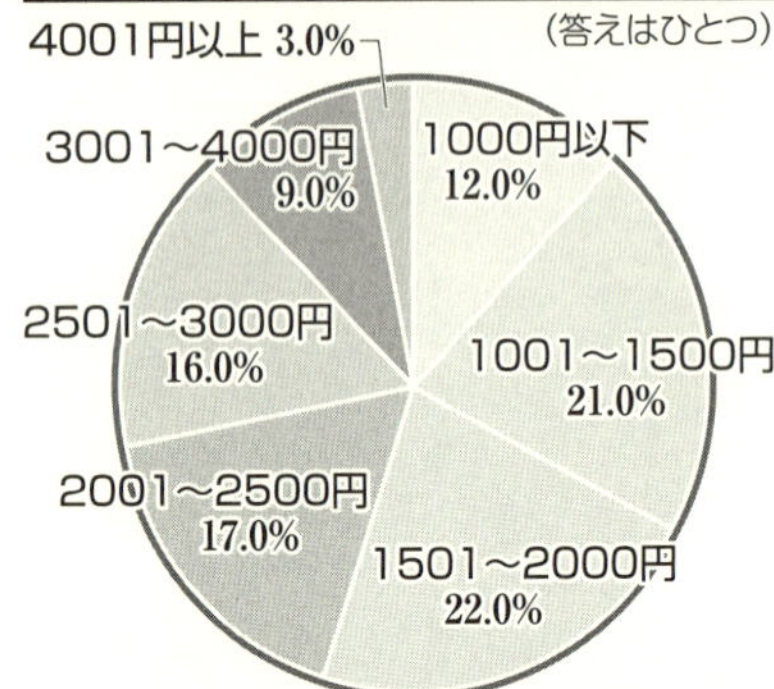

価格2500円以下7割

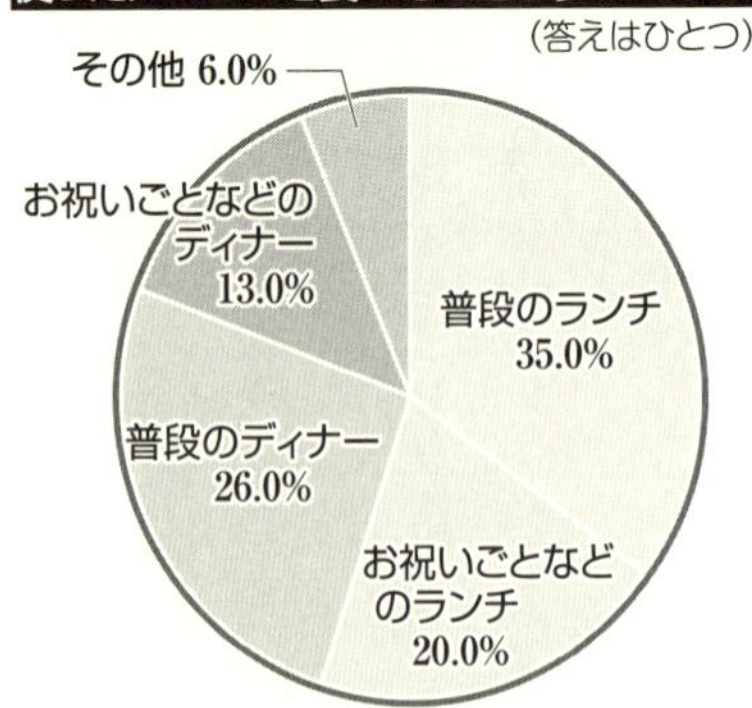

「普段の食事で」6割

「ふんわり関東風」優勢？

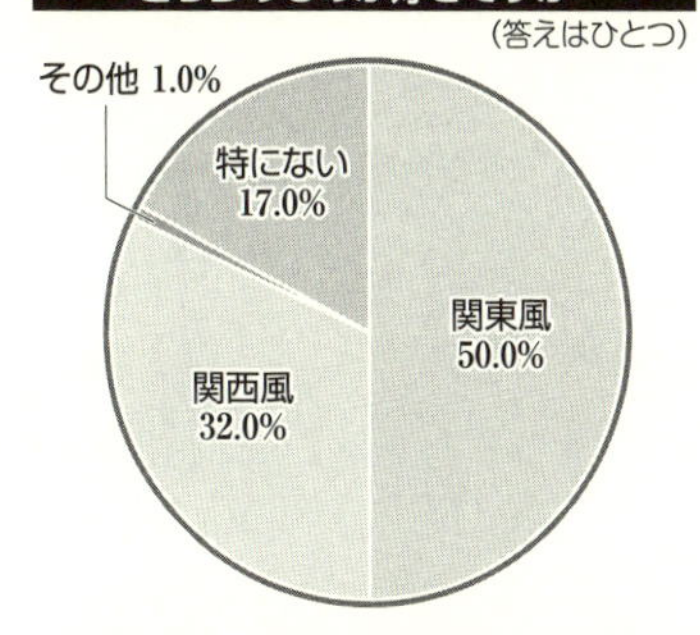

ウナギかば焼きの調理法は、開き方や蒸すかどうかで、関東風と関西風に分かれる。

関東風は背中から割き、蒸して余分な脂分を落としてから焼き上げ、ふんわりやわらかい。関西風は腹開きし蒸さずに焼き上げる。脂がのっていて皮がパリパリ香ばしい。

アンケートは関東風に軍配が上がったが、回答者の居住地域が関東50%、近畿22%、中部10%だったことを勘案する必要がありそうだ。

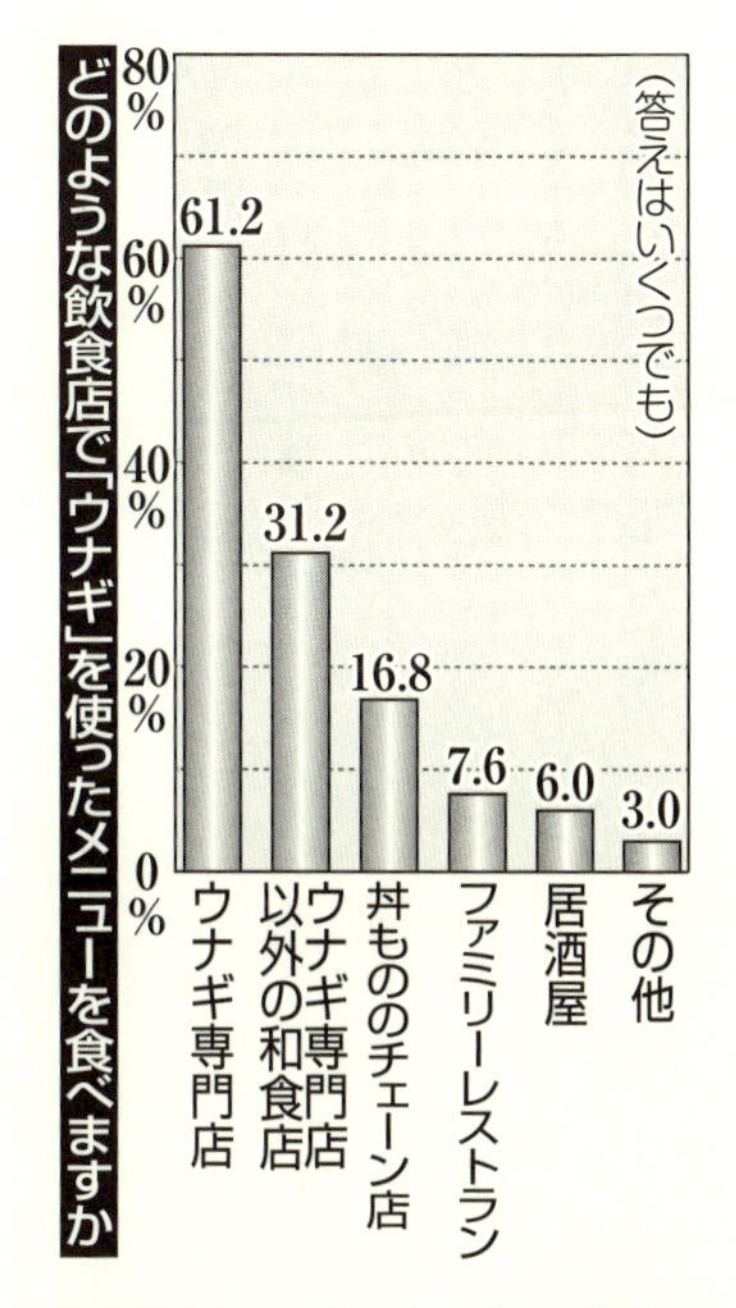

「専門店で食べる」6割超

土用の丑の日

変わるか 土用の丑（上）

ハーフ丼「分け合う」食べ方も

立ち上る煙と香ばしいにおいが、調理場いっぱいに広がる。焼き台にあるのは通常の1・5倍はある特大ウナギ。これを二つに分けてどんぶりに乗せる。「ハーフ丼です」。浜松市西区の専門店「うなぎの天保」で7月14日、山下昌明社長（55）が自慢の一品を前に胸を張った。

同店は稚魚を仕入れて養殖し、育ったウナギを調理、販売する一貫経営。山下社長によると、養殖池で育つウナギは成長速度に個体差があり、大半が200グラムほどの通常の出荷サイズになるころ、2割程度は300～350グラムと、大きくなりすぎてしまうという。骨が多い、皮が硬い―などと敬遠され、加工品や缶詰などに回されがちな特大ウナギ。それを半分にカットし、2人前1組で提供するのがハーフ丼だ。

メニューに取り入れたのは、稚魚の平均取引価格が1キロ200万円を超えた3年前。「ウナギが高くて食べられない」との客の声を聞き、思いついた。サイズの大小に関係なく、ウナギの元は1匹の稚魚。「安く提供するには1匹を2人で分け合えばいい。特大ウナギなら半分でもボリュームはある」

値段はうな丼の「並」よりも500円安く設定。骨の多さや皮の硬さを気にする客も少なく、評判は上々という。「もともと、大きなウナギはえさをたくさん食べた〝優等生〟。脂が乗っておいしい」。山下社長は当初、それが資源保護につながるとは考えなかったが、今では「お客さんの財布にも、ウナギにも優しい。店も利益が上がって〝一石三鳥〟」と思う。

ハーフ丼に使う特大ウナギを焼き上げる山下昌明社長＝7月14日、浜松市西区のうなぎの天保

総務省の小売物価統計調査によると、2014年の静岡市の「うなぎのかば焼き」（国産）は100グラム1188円。07年の562円と比べて2倍以上と高騰している。

稚魚の不漁が続く中、1匹のウナギを大切に食べてもらおうと工夫する料理店が各地で出始めた。「業界が一丸となり、大きなウナギを社会に売り出すべきではないか」と山下社長。それが貴重なウナギの食べ方を考えるきっかけになれば、と願っている。

◇

ニホンウナギが「絶滅危惧種」になって2年目。国内外で資源管理の仕組みが動き出したが、消費の在り方も問われている。一年で最もウナギの需要が高まる土用の丑(うし)の日(今年は7月24日、8月5日)も、変わらざるを得ないだろう。その兆しを探った。

（２０１５年7月22日・静岡新聞）

ウナギ稚魚の不漁

国内で消費されるウナギの99%が養殖ウナギで、養殖には１００%天然の稚魚を使用する。稚魚の国内漁獲量は１９７０年ごろまで年間１００トン以上あったが、２０１０年漁期から４年連続で10トンを下回り、12、13年は取引価格が高騰。14年以降は10トンは上回るが、依然低水準にある。乱獲、海洋環境の変動、河川環境の悪化が原因とされる。

土用の丑の日

変わるか 土用の丑(中)

うなぎもどき 工夫凝らし「食」守る

茶褐色のふっくらとした〝身〟に、ほどよく入った焼き目。香ばしいタレの香りが食欲をそそる。浜松市北区の方広寺名物「精進うな重」。土用の丑の日を控えた7月15日、初めて口にした主婦(55)=静岡市駿河区=は「味も見た目も本物のウナギみたい」と満足げに舌鼓を打った。

「うなぎもどき」は伝統的な精進料理。同寺では豆腐とレンコン、山芋をすって海苔に乗せたものを、かば焼き形にして素揚げした後、自家製ダレを付け焼き上げる。6年前に「浜名湖ウナギ」をイメージし、夏限定で御膳料理の一品として提供を始めた。

健康志向の高まりもあり、参拝客らに人気を集める一方、2013年にニホンウナギが環境省のレッドリストに登録され、翌年、国際自然保護連合(IUCN)の絶滅危惧種に指定されると、ウナギの代替食としても話題になった。約2年前から「うな

資源管理の現状

日本は昨年、中国、韓国、台湾と、養鰻業者が養殖池に入れる稚魚の量を２割削減することで合意。2015年６月に養鰻業を国の許可制にするなど、資源管理策を強化している。絶滅の恐れがある動植物を国際取引規制で保護するワシントン条約の締約国会議は16年９月、南アフリカで開催予定。ニホンウナギが審議対象となるか注目されている。

重」を追加し、御膳とともに通年メニューにした。同寺の巨島善道教学部長（42）は「ウナギの値上がりを話題にする参拝客が増えた」と変化を指摘し、「食事をきっかけに、自然の恵みに思いをめぐらせてほしい」と願う。

ウナギの資源保護の機運が高まる中、近畿大が「ウナギ味のナマズ」の養殖技術を確立するなど、異なる食材で味や食感を模した「代替ウナギ」への注目は高まっている。浜松市舘山寺地域で売り出している「牡蠣(かき)カバ丼」は、浜名湖産の牡蠣をウナギかば焼き用のタレで味付けし、かば焼き風にしたご当地グルメ。地域活性化を目的に、11年に冬季限定で発売、14年度は地元の食堂など16店舗が、年間約２万食を提供した。観光客を中心に「ウナギ需要」は根強いが、牡蠣カバ丼の価格は１５００円前後で、ウナギよりも手頃。浜名湖かんざんじ温泉観光協会の斉藤隆夫事務局長（63）は「近年、家族連れやカップルがウナギと牡蠣の丼を一つずつ注文し、シェアするケースが目立つ」と語る。

ウナギ消費大国の日本。料理のレシピ紹介サイトでも、素人が考案した「うなぎもどき」メニューが投稿されている。ウナギの食文化を守るため、「代替品」を活用する動きは始まったばかりだ。

（２０１５年年7月23日・静岡新聞）

地元の山の食材を使った精進料理の「うなぎもどき」＝7月15日、浜松市北区の方広寺

土用の丑の日

変わるか 土用の丑（下）

食べつつ守る 商う側の危機感に差

「ウナギの完全養殖の実用化を応援しませんか」。土用の丑の日が近づいた7月17日、静岡市葵区の生活協同組合ユーコープ城北店の鮮魚売り場では、店員が録音した自作のメッセージが、スピーカーから繰り返し流れていた。

静岡県など3県の生協でつくるユーコープは今夏、国産ウナギかば焼き商品の売り上げの一部を、完全養殖の研究を進める国立研究開発法人水産総合研究センター（横浜市）に寄付する。「食べてウナギ関連産業を支援する」という考えだ。

売り場を訪れた近くの主婦（43）は「本当は食べない方が良いのかもしれないが、買うことで少しでも協力できれば」と1680円の国産商品を購入した。

ニホンウナギが2014年6月に「絶滅危惧種」になった後、「消費者がウナギ資源の状況にかなり敏感になってきた」と静鉄ストア（静岡市）の仕入れ担当者は話す。

しかし、各地のスーパーには今年も大量のかば焼きが並び、コンビニ店やファミリーレストランも季節メニューとして盛んに売り込んでいる。消費の風景に大きな変化は見られない。

ユーコープのような直接的な支援の取り組みは少数派。多くの企業は、近年の価格上昇による消費者のウナギ離れの食い止めに懸命だ。「国産」「安全」を前面に打ち出し、今年は値段を前年より1割程度下げた業者が多い。国内各業者の危機感には温度差があるのが実情だ。

西友（東京都）は自社の商品より安い他社商品があった場合、他社の価格で販売する「同額保証」をウナギに初めて導入した。

ニホンウナギ以外の異種ウナギも依然、一部のスーパーや外食チェーン店に並ぶ。現在の国内法では、かば焼き商品への表示の義務があるのは原産国のみ。

ウナギ研究機関への寄付活動をＰＲする売り場＝7月17日、静岡市葵区のユーコープ城北店

種の表示義務はないため、各社とも情報開示には消極的だ。
流通各社のウナギ商品の現状に詳しい北里大の吉永龍起准教授（43）は「貿易規制や法整備など外からの圧力がなければ、企業は自分からは動かない。消費者が資源保護に熱心な企業を見極め、声を上げることで、企業に変革を促す方が近道だ」と指摘する。
ウナギの危機と商機はコインの裏表でもある。食べながら守ることはできるのか。鍵を握るのは消費者だ。

（2015年年7月24日・静岡新聞）

完全養殖

人工ふ化させた幼生を稚魚から成魚まで育て産卵させ、その卵からさらに成魚を生産する養殖技術。ニホンウナギでは2010年、水産総合研究センターが世界で初めて成功した。国は20年の実用化を目指すが、稚魚の大量飼育や餌の開発など課題は多い。同センターの新開発の大型水槽でも生存率は1.6%にとどまる。国内養殖に必要な稚魚は年間約1億匹とされる。

土用の丑の日

土用丑 ウナギに感謝ー余すところなく調理

7月24日は一年でウナギの需要が最も高まる「土用の丑(うし)の日」。古くから日本人に愛されてきたうな丼、うな重は夏の代表的なスタミナ食だが、生き物としてのニホンウナギは2014年、トキやパンダと同じ「絶滅危惧種」になった。そんなウナギを大切に、おいしく、いつまでもー。食文化を守る専門店の挑戦は始まっている。

焼き台に置かれたウナギの横に、見慣れない串焼きが並ぶ。「これはウナギのひれと中落ち。脂が乗っておいしいですよ」。浜松市北区三方原町の専門店「うな正」で24日、店主の伊藤正樹さん(39)が自慢の一品を焼いてくれた。繁忙期は仕込みに手が回らなくなることもあるが、独特の食感と香ばしい味わいが人気の創作メニューだ。

同店は、うな重の付け合わせにも工夫を凝らす。圧力鍋で柔らかく仕込んだウナギの頭をサンショウや赤ワインなどと煮込み、冷たい煮こごりにして提供する「ウナギのかぶと煮」。最初は驚く客もいるが、伊藤さんは「特に暑い夏は喜んでくれる。評判は良いですよ」と笑う。

ひれの串焼きやかぶと煮を客に出し始めたのは、稚魚の不漁でウナギの値が高騰した2年前。限りある資源を大切に食べてもらおうと、伊藤さんはこれまで捨てていた頭やひれなどに目を付けた。かつて和食の修業を積んだ経験も生かして考えたメニューが、今では他店との差別化にもつながっていると思う。

「ウナギに対する感謝の気持ちがなければ、商売は続けられない」と伊藤さん。3年前、漁獲が減少する天然ウナギをメニューから外した。当初は「天然はないですか」と聞かれることもあったが、客離れの実感はないという。「ウナギを守るのは料理人だけじゃない。消費者にも考えてもらいたい」。それが、食文化を守る唯一の道と信じている。


（2015年7月24日・静岡新聞）

ウナギのかば焼きや、ひれとピーマンの串焼きを焼く伊藤正樹さん＝7月24日午前、浜松市北区の「うな正」

うなぎプラネット

世界へ発信、日大が企画展―見て知って 学際研究

科学や文化、芸術など多様な視点でウナギの新たな魅力に迫る日本大学の学際的ウナギ保全プログラムの特別企画展「うなぎプラネット」が7月1日から12月19日まで、神奈川県藤沢市の生物資源科学部博物館で開かれた。

見どころの一つは完全養殖の技術で生まれたニホンウナギの幼生「レプトセファルス」。海の中をイメージした水槽をゆらゆら泳ぐ様子が注目された。

文理学部と芸術学部の協力で実現したのは、ウナギが登場する江戸時代の文芸「親敵討腹鼓（おやのかたきうてやはらつづみ）」を題材にしたアニメ動画。60インチの大画面に映し出す。ウナギとシマウマなど別の生き物を掛け合わせた幻想動物「うなキメラ」も展示した。

展示会の企画と構成を担当した芸術学部の木村政司教授（59）は「アートを取り入れて、見て楽しめる展示会を目指した」と話した。

（静岡新聞）

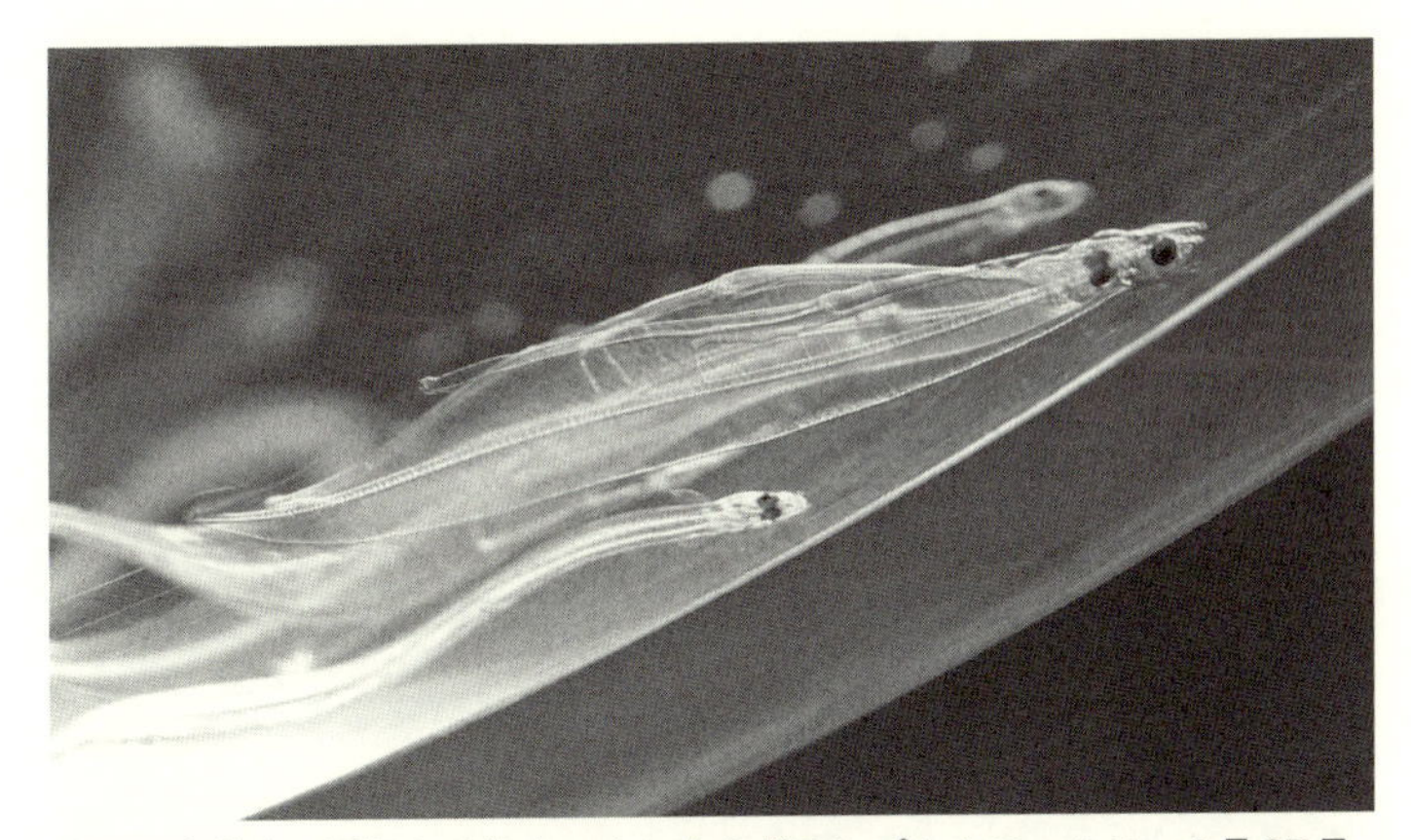

特製の水槽内で元気よく泳ぐニホンウナギのレプトセファルス＝6月27日、
神奈川県藤沢市の日本大学生物資源科学部博物館

全国の子供たちが描いたウナギのイラスト。会場入り口に展示された

床に描かれたウナギのイラストが来場者をお出迎え

あとがき

静岡新聞の2015年通年企画は、南日本新聞、宮崎日日新聞と合同で、「危機」を迎えたウナギと、転機のウナギ関連産業をテーマに「ウナギNOW」を展開しました。

養殖ウナギ生産量が天然漁獲量を上回ったのは1928（昭和4）年のことです。太平洋戦争で中断しましたが、戦後復興、高度成長とともに急速に発展し、1975（昭和50）年には養殖比率が90％を越えました。2015年は99・6％です。

養殖ウナギで全国に知られる静岡県ですが、生産量ピークは1968（昭和43）年の1万6千トンです。全国シェアは67％でした。

しかし主産地が南九州に移り、全国シェアは2001年以降10％割れが続いています。15年（1800トン）は9％でした。

15年の主産県の全国シェアは鹿児島40％、愛知26％、宮崎17％。全国生産量は持ち直しつつありますが依然、2万トン割れしたままです。一方、15年の輸入は成魚とかば焼き加工品（成魚換算）を合わせ3万1千トンと、国内生産を上回りました。

ニホンウナギが14年6月に「絶滅危惧種」に指定されたのを受け、静岡新聞は9月、単独で企画記事「ウナギＮＯＷ」を連載しました。この取材を通して担当記者たちは、ウナギの「今」を知るには、歴史をひもとき、南九州、海外を取材することが不可欠だと痛感しました。

静岡新聞と南日本新聞は１９９９年4月から２０００年5月まで、緑茶生産のライバル関係に着目した長期合同連載「平成茶考」（後に「お茶最前線」として書籍化）の経験があります。あの時の、互いの立ち位置と視点を尊重しながら、地元紙の強みである取材網を生かした経験が生きるに違いないと、今回の企画を持ち掛けました。当時、合同取材班の中で、鹿児島産原料茶が静岡茶に「化ける」構造はウナギも同様だと話した記憶があります。

あらためて統計を見ると、鹿児島県のウナギ生産量が全国1位になったのが「平成茶考」連載前年の１９９８年。このころまでに、ヨーロッパウナギの稚魚を中国で養殖し日本に輸出するルートが確立し、２０００年の輸入量は過去最高の13万トンに膨らみ、養殖業界がセーフガードを要請するまでに深刻化しました。

既にウナギは岐路を迎えていたと言えるでしょう。ウナギ資源問題は稚魚漁から消費まで俯瞰して考える必要があるという、今回のウナギ合同企画の伏線はこの時から敷かれていたように思われます。

岐路を迎えたウナギ資源問題だけでなく、時代を映して推移した日本のウナギ産業とウナギ消費を、戦後70年の節目の年に記録でき、地方紙の使命を果たせたと考えます。

書籍化に際し、南日本新聞、宮崎日日新聞の2紙にあらためて感謝するとともに、多大なご協力と貴重なアドバイスをいただいた各界各層の皆さまにお礼申し上げます。

静岡新聞社編集局長・植松恒裕

【主な参考図書】

「うなぎ一億年の謎を追う」塚本勝巳　2014　学研教育出版
「ウナギと日本人」筒井功　2014　河出書房新社
「うなぎを増やす（二訂版）」廣瀬慶二　2014　成山堂書店
「うなぎのうーちゃんだいぼうけん」くろきまり／文　すがいひでかず／絵　2014　福音館書店
「うな丼の未来」東アジア鰻資源協議会日本支部　2013　青土社
「ウナギ養殖業の歴史」増井好男　2013　筑波書房
「わたしのウナギ研究」海部健三　2013　さ・え・ら書房
「世界で一番詳しいウナギの話」塚本勝巳　2012　飛鳥新社
「ウナギ大回遊の謎」塚本勝巳　2012　PHP研究所
「うなぎ　謎の生物」虫明敬一（編）2012　築地書館
「ウナギの博物誌」黒木真理（編）　2012　化学同人
「ウナギ　地球環境を語る魚」井田徹治　2007　岩波書店
「うなぎ丸の航海」阿井渉介　2007　講談社
「吉田地域養鰻八十年史」丸榛吉田うなぎ漁業協同組合　2003
「内水面養殖業の地域分析」増井好男　1999　農林統計協会
「浜名湖うなぎ今昔物語」相曾保二　1998　近代文芸社
「生涯うなぎ職人」金本兼次郎　2011　商業界
「どうまい静岡うなぎ」静岡新聞社（編）2005　静岡新聞社

「ウナギＮＯＷ」合同取材班
静岡新聞　高松勝（経済部）金野真仁（湖西支局）堀内亮（榛原支局）白本俊樹（豊橋支局）中川琳（東京編集部）西條朋子（東部総局）安本渉（浜松総局）浅井貴彦、坂本豊、杉山英一、久保田竜平、水島重慶（写真部）小糸恵介（浜松総局）宮崎隆男（東部総局）柳沢毅、水野敬介（整理部）
南日本新聞　森山莉華子（報道部）川野裕和（編集部）小田洋太郎（志布志支局長）小野智弘、江口淳司（報道部）北村茂之、蓑田智史（写真部）
宮崎日日新聞　海老原斉、奈須貴芳（報道部）島田喜恵（日向支局）戎井聖貴、米丸悟、那良卓郎（写真部）
デスク　佐藤学（静岡新聞経済部長兼論説委員）川北楽人（静岡新聞整理部副部長）高嶺千史（南日本新聞報道部副部長兼論説委員）諫山尚人（宮崎日日新聞報道部次長）

ウナギＮＯＷ
絶滅の危機!!　伝統食は守れるのか？
二〇一六年六月一一日　初版発行

編　者――静岡新聞社　南日本新聞社
宮崎日日新聞社
発行者――大石　剛
発行所――静岡新聞社
静岡市駿河区登呂三―一―一
郵便番号四二二―八〇三三
電話　〇五四―二八四―一六六六
印刷製本――図書印刷

定価はカバーに表示しています。

ISBN978-4-7838-2250-9